职业技能提升系列】

废旧衣物

拼布技艺

主 编 袁金龙

副主编 方海燕 陈 爽 王利娟

ARTTIME 时代出版

时代出版传媒股份有限公司
安徽科学技术出版社

图书在版编目(CIP)数据

废旧衣物拼布技艺 / 袁金龙主编. --合肥:安徽科学技术出版社,2023.12

助力乡村振兴出版计划.新型农民职业技能提升系列

ISBN 978-7-5337-8648-9

Ⅰ.①废… Ⅱ.①袁… Ⅲ.①布料-手工艺品-制作 Ⅳ.①TS973.51

中国版本图书馆 CIP 数据核字(2022)第 241567 号

废旧衣物拼布技艺 主编 袁金龙

出 版 人:王筱文 选题策划:丁凌云 蒋贤骏 余登兵 责任编辑:张楚武

责任校对:沙 莹 责任印制:梁东兵 装帧设计:冯 劲

出版发行:安徽科学技术出版社 http://www.ahstp.net

(合肥市政务文化新区翡翠路 1118 号出版传媒广场,邮编:230071)

电话:(0551)63533330

印 制:合肥华云印务有限责任公司 电话:(0551)63418899

(如发现印装质量问题,影响阅读,请与印刷厂商联系调换)

开本:720×1010 1/16 印张:10.25 字数:158 千

版次:2023 年 12 月第 1 版 印次:2023 年 12 月第 1 次印刷

ISBN 978-7-5337-8648-9 定价:43.00 元

【新型农民职业技能提升系列】

（本系列主要由安徽农业大学组织编写）

总主编: 李 红

副总主编: 胡启涛 王华斌

出版说明

“助力乡村振兴出版计划”(以下简称“本计划”)以习近平新时代中国特色社会主义思想为指导，是在全国脱贫攻坚目标任务完成并向全面推进乡村振兴转进的重要历史时刻，由中共安徽省委宣传部主持实施的一项重点出版项目。

本计划以服务乡村振兴事业为出版定位，围绕乡村产业振兴、人才振兴、文化振兴、生态振兴和组织振兴展开，由《现代种植业实用技术》《现代养殖业实用技术》《新型农民职业技能提升》《现代农业科技与管理》《现代乡村社会治理》五个子系列组成，主要内容涵盖特色养殖业和疾病防控技术、特色种植业及病虫害绿色防控技术、集体经济发展、休闲农业和乡村旅游融合发展、新型农业经营主体培育、农村环境生态化治理、农村基层党建等。选题组织力求满足乡村振兴实务需求，编写内容努力做到通俗易懂。

本计划的呈现形式是以图书为主的融媒体出版物。图书的主要读者对象是新型农民、县乡村基层干部、“三农”工作者。为扩大传播面、提高传播效率，与图书出版同步，配套制作了部分精品音视频，在每册图书封底放置二维码，供扫码使用，以适应广大农民朋友的移动阅读需求。

本计划的编写和出版，代表了当前农业科研成果转化和普及的新进展，凝聚了乡村社会治理研究者和实务者的集体智慧，在此谨向有关单位和个人致以衷心的感谢！

虽然我们始终秉持高水平策划、高质量编写的精品出版理念，但因水平所限仍会有诸多不足和错漏之处，敬请广大读者提出宝贵意见和建议，以便修订再版时改正。

本册编写说明

2021 年 7 月 1 日，国家发改委发布《“十四五”循环经济发展规划》，提出：要大力发展循环经济，推进资源节约集约利用，构建资源循环型产业体系和废旧物资循环利用体系。废旧纺织品作为固态垃圾的重要组成部分，因回收再利用的管理制度和体系不健全，资源再利用率低下，仍成为环境污染重要来源之一，为解决废旧纺织品的资源浪费与环境污染问题，将废旧衣物回收再应用于拼布艺术创作及相关衍生产品，将为解决这一问题提出新的思路。本书结合我国废旧衣物再利用现状，从面料、辅料到基本工具及技艺，再到拼布的创新手法等，运用图文并茂的形式，结合大量实践作品进行案例分析，理论联系实践，由浅入深，方便读者掌握拼布技艺。本书案例均为安徽农业大学(原·拼艺工坊团队)原创作品，具有较强的代表性和独创性，尤其是书中涉及的立体拼布作品，实现了拼布由二维平面向三维立体的转变，得到了国内外拼布业界的广泛赞誉，并形成了独特的个性风格和品牌效应。该书也是安徽农业大学安徽乡村振兴战略研究中心 2021 年招标课题“乡村振兴战略背景下传统手工拼布技艺与文旅产业融合发展研究”(项目编号：2021zxy003)和安徽农业大学繁荣发展哲学社会科学“基于文旅融合发展的传统手工拼布技艺的活态保护传承研究”(项目编号：2021sk12)项目研究成果，不仅为广大拼布爱好者提供理论和实践参考，也为新型职业农民技艺的提升和高校美育课程提供详细的教程参考。

本书在撰写过程中，得到了安徽科学技术出版社、安徽农业大学各级领导及同人们的关心、支持和帮助，在撰写过程中参考了国内许多知名专家学者的专著与论文，由于篇幅有限只能列举主要文献，在此一并表示衷心的感谢。

目　录

第一章 拼布及拼布艺术

第一节 拼布的起源与发展

一 拼布及拼布艺术的概念与特点

拼布，起源于民间，是通过裁剪把具有一定形状的零碎织物有意识地按照一定的组合方式拼接在一起的缝制工艺。拼布通过不同的组合方式、材料选择、色彩拼接、空间运用、缝制技术等来表达创作者的情感与思想，是一种兼具实用性与艺术性于一体的艺术表现形式。大体可分为生活类拼布与艺术类拼布两大类。生活类拼布大多与创作者日常生活息息相关，其特点是具有很强的实用性，一般体现在日常家居生活用品上，如地毯、坐垫、桌垫、沙发套、壁饰、桌布、床上用品、包袋及服装服饰用品等。同时，生活类拼布在实用基础上兼具装饰性，一般与创作者日常生活中的节日、纪念日相契合，制作具有节日气息的拼布艺术作品。

随着物质生活水平的提高，拼布早已超越单纯满足人们日常生活的实用性，成为融艺术学、美学、空间学于一体的拼布艺术。伴随拼缝工具及技术的发展，拼布的内容与形式也在不断地创新与发展，尤其是缝制机械的"加入"，拼布艺术"创作"的形式与内容更加丰富多彩。

区别于传统手工拼布，现代拼布艺术具有多元性的特征，创新是拼布艺术的必由之路。多元性就是打破传统、摆脱陈规，结合与当代契合的艺术形式，探索拼布艺术的更多可能性。运用面料肌理再造、组合方式的多样性和拼接技艺的丰富性，形成集实用、装饰、艺术、观赏及趣味于一体的多元的艺术形式。如今，随着国际化进程的加速，国内外拼布领域的艺术和学术交流越来越频繁，拼布艺术逐渐成为大众时尚的艺术，不仅深受拼布艺术家和爱好者们的喜爱，而且已成为一个时尚的产业，迅速发展并逐渐成熟起来。

二 拼布的起源

在当今拼布的世界舞台上，大型且有较高影响力的拼布艺术展赛多集中在欧美或日本等国举办，且市场上发行的相关书籍和教程也多来自这些国家。这些国家的拼布艺术家们的作品在国际舞台上大放异彩、独树一帜，导致很多拼布爱好者们误以为拼布源于欧美或日本等国。事实上，这种现象是由于近代以来美、日等国经济的发展，个性文化思潮起步早等原因。其实，追本溯源，拼布最早应起源于古埃及和中国的北方：五千年前古埃及金字塔里身着拼布服装的法老雕像就是最好的明证；出土于中国新疆且末县扎滚鲁克一号墓地的圆领套头拼布裙衣，可以追溯到距今两千多年的春秋战国时期。虽然中外地域、文化等起源条件不同，但国内外拼布起源的形式却十分相似。

1.中国拼布的起源

拼布源于纺织业的发展，而中国纺织业历史悠久。世界文化遗产——古老的东方丝绸之路就始于西汉时期的中国。事实上，中国古代纺织技术早在原始社会时期就已出现。原始社会人类生产力水平低下，缺乏衣物来抵御气候的变化，在物质资源匮乏的环境下，古人从生存的自然环境中取材，利用动植物等自然资源作为纺织的基础材料，制作简单、可御寒的服装，同时为追求纺织的便利性，开始发明、制作一些简单纺织工具。在中国，早在五千年前的新石器时期，能够进行简单纺织的原始腰机就已出现。西周时期，具有传统性能的人工机械相继出现，如缫丝的缫车、生产线纱的纺车、织物的织机等。汉代纺织业已发展到一定的高度，出现能够制造出精美花纹的织造机器，如提花机、斜织机等。湖南省汉墓马王堆出土的丝麻纺织品做工精良，品种齐全。唐代以后，中国纺织机械日趋完善，织造技术更趋先进，大大促进了中国纺织业的发展。中国纺织业出现后，民间家庭手工作坊便通过剪、拼、缝、叠、绣、贴、挑、拔（扎）、缠、折、镶、纳等技法来制作布制品。中国自古以来国土面积大、民族多，传统手工拼布技艺在不同的民族中都融入了各自的地域文化与民族传统，呈现出不同的形式与特色，在品类上不仅有拼布被服，还有许多拼布工艺品。

在我国民间，拼布作为一种传统民俗，被人们习惯地称为“百衲”。组合成“百衲”一词的两个字各有其含义，需拆分进行解说。“百”，是指拼布的布块之多，色彩图案之丰富，结构形式之多样，针法样式之多变，主题内容之广泛等；而“衲”，是指密针补缀、缝补，精致的意思。中国传统拼布的表现形式有源于佛教文化的“百衲衣”和传承至今的“百家衣”之说。百家衣，是一种育儿风俗，出现于中国早期农业社会，那时物资条件匮乏，医疗技术落后，缺乏抵抗力的儿童尤其婴幼儿常生病遭灾，甚至夭折。百家衣是为婴儿祈寿的民俗服饰，由育婴家长用向亲戚邻居讨要的小布块或旧衣拼缝而成，缝缀的衣服称为“百家衣”，被褥称为“百家被”，寓意为小儿能得百家之福，健康顺遂。

明清盛行的水田衣，又称斗背褡，是百衲衣在明清时期的特殊称谓。水田衣是由佛教僧人所着袈裟发展衍生而来，因其由各色布块缝缀而成，色彩交错拼接类似水田而得名。与僧人的袈裟不同，水田衣的拼接方式发生了很大的变化，色彩也不仅限于黑色、灰色的深色系。水田衣在明后期成为一种“时装”，深受大众喜爱。人们对于拼接样式的热爱，脱离了原始的实用性拼接，发展成为一种装饰性拼接，特意将完整的上好衣料裁开，制作成一件件水田衣，甚至还出现模仿水田衣拼接样式的织造方式。随着社会的发展，大众的物质、审美需求不断提高，采用拼布形式制作的品类不再仅限于服装、被褥，帽子、荷包等服饰、日常生活用品拓展了中国传统拼布的范围，图案样式也不再局限于三角形、方形、多边形等简单的几何图形的拼接，出现了多种复杂的吉祥纹样如铜钱纹、云纹等，为中国传统拼布注入了丰富的形式和美好寓意。

百结衣原是乞丐身着的一种拼缝的服装，宋朝黄庭坚的《次韵吉老十小诗》之九的“半菽一瓢饮，悬鹑百结衣”。意思是鹌鹑毛斑尾秃，似披着敝衣，以“悬鹑百结衣”比喻百结衣破烂的外形特点，诗人作者即是将这种补缀很多的衣服美名为“百结衣”。在此之前，东晋史学家王隐在《晋书》中提到了百结衣：“董京字威辇。时乞于市，得残碎缯絮。辄结为衣以自覆。号曰百结衣。全帛佳棉则不肯受。”其文中指出董京于市场上行乞，得一些残碎缯絮，这里对百结衣也做出了解释，即是将“残碎缯絮”拼接缝缀而成的服装。在后期的一些诗人笔下也有所提及，证明了拼布百结衣的存在。

吉祥寓意的富贵衣。戏服对于戏曲演员意义非凡，戏曲行当中流传着“宁穿破，不穿错”的俗语，而宁愿穿的“破”是指在戏曲中扮演穷困潦倒的穷人或乞丐的角色所着的布满补丁的衣服，俗称穷衣（如图 1-1、图 1-2）。然而它还有个别名，叫“富贵衣”。与穷衣称谓不同，富贵衣的称谓更加积极，包含了美好的愿望。这是因为在戏曲的剧本中凡是故事之初穿着穷衣者在结尾时大多命运翻转、出人头地，比如京剧传统剧目《红鬃烈马》中，主角薛平贵开场时穿着“富贵衣”，起初因贫寒不得王宝钏之父王允之喜爱，但后来立战功，得天下，登宝殿，其妻被封为正宫娘娘。豫剧剧目《棒打薄情郎》中的主角莫稽，故事之初身着“富贵衣”在风雪之夜冻僵，后来连科及第，成为钦差八府巡按。所以，从前的演出戏班子总把这衣衫褴褛的“穷衣”看作是金榜题名、达官显贵的预兆，遂取名为富贵衣。富贵衣上赋予了普通百姓对于通过自身努力出人头地的美好愿望。

图 1-1 青色万字三元纹暗花绸富贵衣，清光绪
图片源于故宫博物院

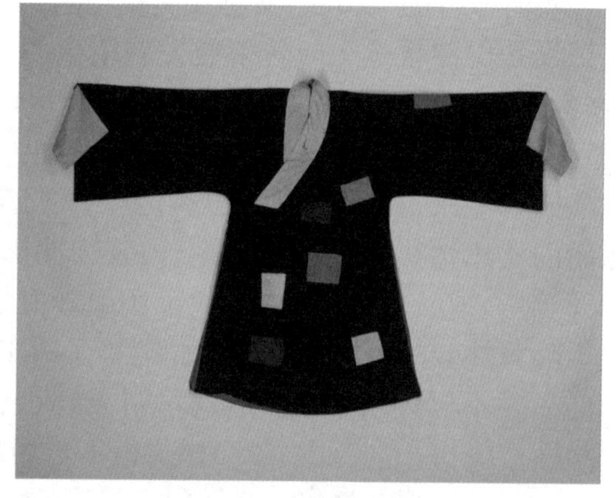

图 1-2 青色万字三元纹暗花绸富贵衣，清光绪
图片源于故宫博物院

2.国外拼布的起源

国外拼布的起源形式与中国类似。起初拼布以实用为主，十三至十四世纪的欧洲大陆受寒流侵袭，当时物资匮乏，生产力水平低下，为适应气候的变化，人们将零星的废旧布料、陈旧的衣物裁剪，利用拼缝技术缝制成能够御寒的棉被，拼布便逐渐发展起来，尤其在英国较为盛行。但早期的英国由于棉布资源匮乏，拼布制品多以亚麻、羊毛等面料为主来制作拼布，材料的稀缺导致拼布的发展受到了限制。新航路的开辟和海上“丝绸之路”的繁盛为欧亚贸易提供了便利，印度棉布随之输入欧洲，深

受社会和各阶层的喜爱，十七世纪末，引发了欧洲的棉布热潮。棉布的持续输入不断促进拼布的发展，拓展了拼布材料的范围，拓宽了拼布制品的制作形式，也从此改变了欧洲拼布的历史。随着拼布工艺持续的发展，拼布技巧不再局限于简单的拼缝。许多传统的拼布形式、图形在这个时代逐渐丰富直至成熟并沿用至今，拼布也从以实用为主逐渐走向与装饰性并存的形式。据记载，英国的拼布历史早于美国，现存英国历史最悠久的拼布制品可追溯到十八世纪初期。

随着十五世纪末美洲新大陆的发展，部分欧洲人逐渐移民美洲，旧衣物、缝制用品随之迁移，拼布手工艺传到美洲大陆，在移民与本地人之间得到普及进而在美洲起源、发展为美式的缝制用品。

三 中国拼布的发展

拼布由于受到政治、经济、文化、宗教、习俗等影响，其艺术特征在国内外呈现个性化发展趋势，在不同的地区和民族中也形成了不同的风格和流派。独具特色的拼布作品在艺术活动中争奇斗艳，形成了五彩缤纷的拼布艺术世界。

中国是一个拥有五十六个民族的大家庭，国家领土的广阔性和民族的多样性使得中国拼布在各个民族中得以多元的传承与发展。中国人民有着勤劳朴实的传统品格，为拼布的发展提供了有利条件，各个民族至今还保留着本民族特色的拼布手工技艺并制作传统服饰的习俗。各民族传统的习俗与性格体现在其传统服饰款式造型、色彩材料的设计之中。这些独具民族特色的传统手工技艺值得我们学习、借鉴并传承和发展。

近年来，我国一些拼布爱好者和艺术家们也陆续在国际舞台上发光发热，取得了非凡的成就。我国朝鲜族拼布艺术家金媛善女士，多次参加韩国、日本、美国的拼布艺术展，并多次应邀举办个展，其作品被多国艺术机构、博物馆及个人收藏，并成为清华大学美术学院、北京服装学院的客座教授。她的拼布壁挂作品《念想（姹紫嫣红Ⅱ）》（如图 1–3）、《百花争艳》（如图 1–4），被面作品《姹紫嫣红》等多次参展并获奖，成为“中国拼布第一人”。

图 1-3 壁挂《念想(姹紫嫣红Ⅱ)》 金媛善 图片摄于图书《母亲的香气—金媛善拼布艺术》

图 1-4 壁挂《百花争艳》 金媛善 图片摄于图书《母亲的香气—金媛善拼布艺术》

第二节 废旧衣物再利用概述

一 国内废旧纺织品再利用现状

一般来说,废旧纺织品是指纺织织物在其生产过程中产生的纺织废料,其中包括边角料、下脚料等。在人们的日常生活中,一般指老旧的、过时的服装服饰和家居用品,如毛毯、窗帘、地垫等。目前,我国在废旧纺织品再利用的处理上主要有以下四种方式:

一是通过焚烧和掩埋等方式处理,可有效地减少废旧纺织品的储存空间,但会加剧对生态环境的污染与破坏。

二是通过对废旧纺织品进行逆向加工处理,彻底地分解为再生纤维等材料,再进行纺织加工,实现纺织意义上的再利用。该方法可降低纺织企业生产成本,缓解原料紧缺的问题,同时可减轻因不环保的处理方法带来的环境污染问题。

三是通过废旧衣物回收箱、公益组织、二手市场等平台,市民对部分因款式老旧而弃置不穿的,达到二次穿着利用标准的衣物,选择捐赠或交易的方式处理。

四是针对废旧纺织品进行“二次设计”,与家居软装、纤维、拼布及装置等艺术形式相结合,通过再设计的手段,焕发废旧纺织品的“新活力”。

中国每年产生的废旧纺织品超过 2 600 万吨,其中,每年废旧衣物多达31亿件,再生综合利用率却不足20%。我国是纺织材料的生产与消耗大国,因此,拥有的纺织产业体系和工业链相对较为完善。预计到"十四五"末,产生的废旧纺织品总储存量将突破2亿吨。因此,降低对于进口天然纤维、化学纤维的依赖,减少对生态环境的污染,高效、合理、环保地处理废旧纺织品等一系列资源,对国家纺织产业发展乃至实现国家碳达峰、碳中和发展战略有着深远的意义。国家层面上,截至2020年底,已相继推出了数十部关于废旧纺织品回收与再利用的相关法律和制度。社会层面上,对于废旧纺织品的回收与再利用,社会各界一直在行动:2014年6月,中国纺织工业联合会、民政部等部门联合举办了"旧衣零抛弃"活动,顺美、波司登、依文等知名服装公司积极参与。市民可携带旧衣前往上述公司所开设的门店进行捐赠,多家品牌门店向捐赠者提供代金券、打折券等,并予以感谢。慈善组织对捐赠的旧衣进行分类,符合救助标准的旧衣被用于救助困难群众,剩余的用于废旧纺织品再生技术的研发。2017年10月,山东省废旧纺织品综合利用战略联盟在青岛成立,分别有废旧纺织品分拣企业、废旧衣物回收箱投放企业、高校、互联网企业等成员,旨在建设一个合理、规范、高效的废旧纺织品资源化利用平台。2018年11月,全国第一个地方性废旧纺织品回收利用标准——《废旧织物回收及综合利用规范》在深圳市正式发布并实施,规定了回收、暂存、分拣、处置等方面的要求,同时对于废旧织物回收箱的存放范围、标识、箱号等也进行了管理,进一步提高了深圳市废旧织物回收和综合利用的规范化和标准化水平。2019年3月,世界自然基金会,中国纺织工业联合会环境与资源保护促进委员会,上海陆家嘴金融城理事会、绿色金融专业委员会联合主办了"互联网+纺织回收"模式的上海试点研讨会,基于"互联网+"的"旧衣零抛弃"纺织品回收智能化服务平台,进一步完善了上海市废旧纺织品分类回收和资源化处理利用体系,实现了废旧纺织品产业化、资源化和价值化。

二 废旧衣物的再利用

1.家用纺织品设计方面

现代家用纺织品的种类虽然繁多,但产品特色不鲜明,设计感不强。对于兼具实用与审美双重属性的家居纺织品,家纺设计师可以像艺术家一样以纺织材料为媒材来表达个人的审美与情感。如利用废旧衣物,将其解构、重构,制作出别具特色的拼布沙发、被套、桌垫等家居产品,而这些产品的呈现方式具有很大的市场发展潜力和可塑性,不仅为家纺设计师提供了更多的设计创意空间,而且也满足了现代人追求个性的审美需求。

废旧衣物种类多样,并随文化与潮流的发展而变化。将废旧衣物回收再利用于现代家用纺织品设计中,不仅可以提高废旧衣物的利用率,保护环境,减少废旧衣物处理不当导致的生态问题,还可以满足现代人对于家用纺织品的个性审美需求,不仅为废旧衣物再利用提供了有效的途径,还丰富了现代家用纺织品品类,拓展了销售市场。

以废旧衣物再利用作品《"衣"旧新福》系列家用纺织品(如图 1–5)为例,该作品从实用和审美功能角度出发,将"福"字的笔画与沙发、茶几、坐凳等有机结合,再现废旧衣物再设计的独特魅力。将"福"的示字旁、田部均设计成圆弧形,其他笔画都只有横和竖,极其圆滑、随意但又有秩序。寓意做事低调沉稳,为人谦和恭敬,预示着家庭生活将更加和谐与美好。虽然"福"字在生活中随处可见,但将其转变为可拆卸组合的家用纺织品,更容易给人留下深刻的印象,营造出浓厚的文化性、艺术性和装饰性氛围。对每个实物的形体变化更强调形式与功能的完美结合,整体的实物效果会因其文化性和艺术性而更具深远影响。该系列家用纺织品设计利用废旧衣物面料的独特性,以渐变的手法将其应用于沙发的靠垫设计中,将衣物的口袋巧妙地应用于沙发靠垫的底部,赋予深浅的变化,更具时尚的个性。同时,将废旧的白色绒布做成沙发套,两种截然不同风格特征的面料有机结合,给该作品增添了活力,营造出温馨、和谐的画面。可拆卸的功能设计不仅为生活提供了方便,更将该作品由设计性表达深化为功能性和个性表达(如图 1–6)。该作品还将废旧材料利用率最大化,将废旧牛仔裤的腰头制作成布艺花篮。花篮里面是空心的,既可作收纳桶,也可放置报纸、画轴等,集美观实用于一体。同时,又将废旧牛仔衣服边角料编制成脚垫,衣物的口袋制作成抱枕等。将废弃牛仔边角料制作成百福图,利用废旧牛仔裤装的前后片、口袋等与福字造型的书架有机结合,创作出别具一格的另类书架(如图 1–7)。多种类的设计应用,废旧牛仔衣物部位的巧妙应用,个性化的细节处理,尽显《"衣"旧新福》系列家用纺织品个性、绿色、时尚的魅力。该应用研究以设计创新为手段,对废旧牛仔衣物进行创新改造和艺术再设计,以一种新的形式再现废旧牛仔衣物的独特魅力,并结合废旧牛仔衣物各部位特点开发出相应的系列家用纺织品，最大限度达到循环再利用的目的，从而更有效减少废弃物对环境的污染。废弃的牛仔衣物在色彩、造型、质感上都有着自身的特点，可用设计的语言和创新的眼光赋予它们二次生命。牛仔衣物契合了人们追求简单、舒适、随性的生活理念，其独特鲜明的线迹装饰、经典的廓型设计、随性的搭配都体现了牛仔衣物自身的内涵。废旧牛仔衣物的再设计将人体的美与服装的文化内涵有机地结合，以废旧牛仔衣物为载体设计出独具特色的家用纺织艺术品，不仅丰富了家用纺织品品类，也为以绿色设计为理念的家用纺织品的开发提供了新的方法和途径。

图 1-5

图 1-6

图 1-7

2.艺术创作方面

(1)装饰画创作

装饰画是兼具装饰、艺术、审美于一体的艺术形式。随着当今社会文化的进步与发展，艺术表现形式也呈现多元化的趋势，装饰画本身的艺术性和装饰性大大提高了现代人们对品质生活的追求与热爱。不注重是否能够写实地刻画物体、是否准确把握明暗关系，而注重表现其内容的装饰性，如色彩之间的搭配、元素之间的构图比例以及整体的和谐关系等，突出强调舒适、明快、强烈的艺术美感。

材料是装饰画创作的重要元素之一，不同的材质选择会产生多样的视觉感受，营造丰富的空间体验。装饰画的表现形式多样，不再仅限于颜料、纸类的范围，面料等布艺装饰画也深受大众喜爱，其中以废旧衣物为媒材的布艺装饰画独具特色。将废旧衣物再利用于装饰画设计，不仅充分利用废旧衣物其独特的材料语言，向观赏者传达出其承载与寄托的人文精神，更因为废旧衣物本身所具有的丰富的肌理语言，区别于普通的大众装饰画，会带给观赏者不同的视觉享受与空间体验。布艺装饰画的创作是发挥艺术创作者的创意构思、满足现代人的个性审美品位、传播更广泛的低碳环保设计理念、缓解废旧衣物带来的环境污染问题进行的创意设计实践；是通过深度挖掘牛仔的艺术价值，充分利用牛仔衣物丰富的视觉语言与情感，并将传统与现代工艺相结合，使废旧牛仔衣物焕发新的活力的创意设计实践，更是践行碳达峰、碳中和目标的有效途径之一。

以废旧衣物为媒材的布艺装饰画，除具有浓厚的装饰和艺术性的审美特征外，还具有以下实用性特征：

①吸音降噪，美化环境

随着工业进程的不断发展，噪声污染对人们的生产生活造成了严重的影响，以废旧衣物为媒材的布艺装饰画，与一般的硬质材料相比，因其软性的特征，更具有吸音降噪的功能。同时，由于其柔软的特性，更容易让人们产生亲和感和认同感。

②丰富空间，营造氛围

装饰画作为现代室内空间软装设计中的重要组成部分，不仅能够起到分隔空间的作用，而且能够极大地丰富空间层次，柔软的材料肌理改善由建筑空间中硬朗线条带给空间使用者的不适感，实现空间层次的交透与叠加，改变建筑体呆板、僵硬的线条感，弥补空间自身的不足与缺陷，给使用者营造一种亲和的空间氛围。

③文化表达，情感交互

布艺装饰画在创作过程中，无论是主题、色彩、构图形式等都有着广泛的可选择性，但每幅作品都包含了设计者的内在情感，或是对文化的解说、生活的反映、未来的思考，或是对过去的回忆、家乡的思念，这些情感通过布艺制作交织在作品创作过程中。废旧衣物本身也是情感的载体，每件废旧衣物都承载着不同的故事。这些故事以新的形式呈现，与创作者的思想融于一体，表达着作品的特殊情感。观赏者通过布艺装饰画感受着其文化内涵和赋予的情感，在情感交互中得到共鸣，营造出有文化、有特色、有感染力的空间氛围。

以《故乡》为例（如图 1–8、图 1–9），该系列作品是以针织与梭织类废旧衣物为媒材而创作的布艺装饰画。古徽州自然资源匮乏，素有“七山一水一分田，一分道路和庄园”说法。因此，那个时期的人们不得不外出经商谋生计，正如民间的一首打油诗所云“前世不修，生在徽州，十四五岁，往外一丢”，是其真实写照。明清时期“无徽不成镇”，徽商盛况空前，一句“海内十分宝，徽商藏三分”就得以充分体现。著名红顶商人胡雪岩就是徽州人，他白手起家，凭借其超凡的能力在中国商史上写下了灿烂的一页。在乡的族人盼望子弟能够“擢高第，登仕籍”，从而“振家声，光门楣”。故而发迹的徽商，荣归故里，为光宗耀祖，流芳百世，奏请皇上，兴建牌坊、宗祠，以造福故乡。在外漂泊的人总是思念故乡的一草一木一家园，此作品就是徽州人在外打拼时梦中的故乡，通过记忆中的“碎片”，还原日日思念的故乡，承载了徽商发展的心酸历史。

图 1–8

图 1–9

④响应号召，价值导向

当前，废旧衣物主要的处理方式就是焚烧和掩埋，再生利用率低。一方面是缘于社会资源的浪费，另一方面导致社会资源的紧缺。废旧衣物在一些人手里是废物，而在另一些人手里却是宝藏。通过对废旧衣物的再设计，使其价值最大化，延长其生命周期，减少资源浪费，保护生态环境，为践行碳达峰、碳中和目标做出积极的贡献。

以《一隅江南》作品为例（如图 1-10）。该作品创作灵感源于江南水乡，描绘了一幅静谧而悠远的水墨乡村的美好图景。河水静静淌过，带来了希望与生机。河面上飘来了一叶小舟，只见船篙，却未见撑船人，不知又去哪里吃酒了；岸边的人也不见踪影，大概哪里又举办了什么热闹的活动吧。只余两盏灯笼依旧在风中慢慢地摇晃着，似也是喜极了这江南温暖的春日。以装饰画的形式将其应用于室内装饰空间中，通过与室内绿植、布艺等软装饰的搭配，更好地烘托了室内安宁、轻松的氛围。以废旧纺织品为媒材的现代纤维艺术，能够与室内装饰空间、使用者之间形成一种良好的循环以及和谐共生的关系，并达到最终平衡、稳定的状态，给予居室主人一种关乎于美的享受与自由的精神体验。

再以《徽韵》作品为例（如图 1-11），与《一隅江南》作品不同，该作品更注重空间整体氛围的营造，通过与室内软装产品、空间结构及色彩协调统一，使空间更为融洽与舒适，让作品有着“润物细无声”的韵味。作为休憩的空间，与整体和谐统一的色调所带来的宁静与祥和，同样是人们所渴求的心灵平静之地。

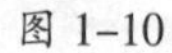
图 1-10

图 1-11

再以《根》系列作品应用为例（如图 1-12），该系列作品取材于徽州地区的徽商文化。徽商，坚持“以儒术饰贾事”，遵行“宁奉法而折阅，不饰智以求赢”，坚守以义取利。保存固有之精华，似青山般巍然不动。每一个徽州商人，似种子般，被风吹至祖国各地，勤劳坚守，三年一归，新婚离别，习以为常。以此优良品质生“根”于祖国河山，点缀历史商业长河。

该作品运用于公共装饰空间中，因其篇幅较大且寓意深刻，适用于酒店、会馆等商业场所，并不仅仅作为公共装饰空间的附属品，而是作为一种张力融入空间的存在。该作品向人们展示了几千年来徽商的独特风

图 1-12

采，是一种商业文化、生态文化、精神文化的传承与弘扬。“根”于祖国，“根”于家乡，“根”于家庭，不忘根本，方能长长久久，外出的旅人记起回家的路，出行的商人记起先辈们的风采，“财自道生，利缘义取”。该作品所传承的，更多的是文化意义上的寓意，这种个体文化与系统文化之间的契合点，对于欣赏者而言，并不因文化背景的不同受到阻碍，作为一种具有可识别性的温暖存在。该作品的运用，脱离了时间与空间的束缚，真正地走到了人们的心里，最终也将为人们所铭记，成为公共装饰空间中不可缺少的存在。

图 1-13

再以《桃源云水间》应用为例（如图 1-13）。该作品更多的是带给使用者以联想的自由与精神的享受，重现《桃花源记》中的美好情景，通过牛仔蓝的色调再现，画面整体更加清淡平静、素然寡欲。该作品在公共装饰空间中的运用，既是空间与空间之间的物理媒介，也是空间与使用者之间的精神媒介。作品将现实与理想境界相连接，将林尽水源的美景与屋舍俨然的情景相融合，歌颂现已难能可贵的安宁和睦、怡然自得的乐趣。作为现实空间与精神空间之间的媒介，该作品完美地承担了虚幻与现实之间的连接作用。同时，该作品也是心灵深处的“桃花源”的再现。极强的生活压力压得人们喘不过气来，转而向外寻求一种精神上的安慰与避世的存在。逃离城市的活动从来都不是无厘头的一时兴起，人们对于“桃花源”的寻求，即是对真正的闲然乐居生活的追求。这种精神上的媒介作用，对于理想桃花源的刻画，增强了人们对于公共的方向感与认同感，也给予了人们心灵上的温暖与感动，寻寻觅觅，终得桃花源。

(2)装置艺术创作方面

装置艺术是指在公共空间环境中的软雕塑或纤维陈设品，区别于平面的二维作品，一般以三维的形式呈现。此类型的现代纤维艺术作品，在陈设环境中通常会与周边环境，如植物、动物、建筑物等之间进行交互式互动，形成融合的趋势形态。材料是装置艺术作品重要的构成元素之一，其材质具有多样化的特点，不仅限于一些特殊材料，周边随处可见的普通材料，甚至是废旧衣物解构出来的经纬纤维，都能通过艺术家们的巧手有效地选择、利用、改造、组合后，成为强烈地表现作者丰富的精神情感与文化意蕴的载体。

如韩国纤维艺术家郑璟娟教授喜欢运用废旧手套作为媒材进行艺术创作，其作品或是表达人们的生活，或是叙述一个故事。在她的作品中，每一双不同的手套都代表了不同人的生活与工作方式。以其大型纤维艺术作品《无题》为例(如图 1-14)，该作品的构成元素是用上百只白色劳保手套排列组合制成，每只手套并不是干净、整洁的，每只白色手套的指尖上都有着浓淡交错的墨色。作者将其有序排列，将普通的白色手套改造装置成美丽的图案，从视觉上看，给观赏者以强烈的冲击。她认为“每双手套的背后都有它独特的意义和不同的故事”。每双手套的主人年龄、性别、生活、职业等都不同，有的是双手粗糙且斑驳的劳动者，有的是在灯下为儿女缝补衣服头发花白的母亲。从手套的外观形状来说，不仅像和平鸽，更像是人与人之间情感的桥梁和载体。郑璟娟的这个作品不仅仅是把很多双手套排列组合制作在一起，而是把生活中形形色色的人的生活聚集在了一起。不同身份、来历、生活历程的观赏者通过艺术家的作品都会看到不一样的故事，角度不同，都会产生不同的理解。通过这些作品更是把人生的故事聚集起来。

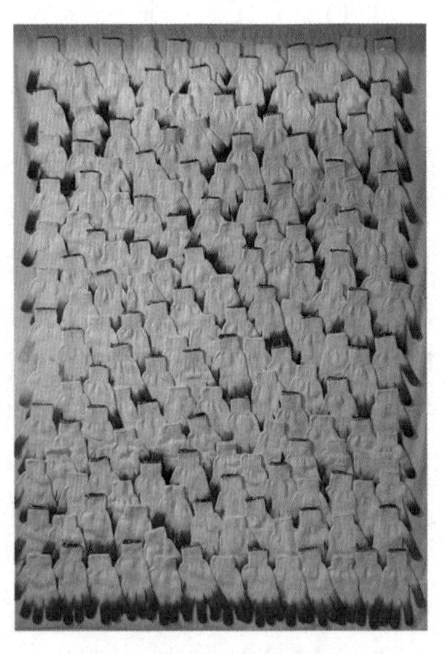

图 1-14　《无题》郑璟娟 韩国 图片摄于“从洛桑到北京”第六届国际纤维艺术双年展

(3)文创产品设计方面

文化创意产品简称文创产品，近年来故宫文创产品迅速走红，使“文创产品”一词的概念日益深入人心。随后掀起文化创意产品研发的热潮，文创产品的购物导向，使人们在日常生活中购买产品时更加注重对产品中精神价值的追求。文创产品的概念可以简单地理解为某种意义上具有一定文化内涵和底蕴的创新性产品，其核心是对优秀的文化内容进行提取，从而向创新性转化和过渡，实现从抽象文化到具象文化的创意转变。不同于普通产品，文创产品不仅要满足消费者物质层面的需要，同时强调满足消费者精神层面的需求。因此，从文创产品的最终形态来看，在确定运行载体的情况下，文创产品的两大重要因素是“文化”与“创意”。

以废旧牛仔拼布文创系列产品《趣味脸谱》为例(如图 1–15)，国潮文化与牛仔的碰撞，粉墨脸谱与表情包的合塑。该系列作品本着环保、节约、实用的原则，以废旧牛仔衣服及有色布料为媒材制作出笔筒、帆布包等系列文创产品。以废旧牛仔衣服为基础元素，结合变形脸谱和现代表情包，废旧牛仔衣服的复古感与变形脸谱的趣味性有机融合，在弘扬中国优秀传统文化的同时，传播了低碳环保的理念。与现代流行元素相结合，使得该系列作品拥有了更广泛的受众。

图 1–15　文创系列产品《趣味脸谱》

(4)服装艺术创作方面

随着纺织服装产业工业化进程的加速，越来越多的机器生产代替了手工劳作。尽管服装不再是“临行密密缝、意恐迟迟归”的情感表达，但传统制衣从来没有被人们所遗忘。随着复古和怀旧风潮的流行，许多设计师开始关注和设计具有复古情怀的手工服饰，如手工刺绣、拼布类的服装服饰品设计。手工制作的服装服饰品给现代人们带来了独特的审美情趣，手工艺不仅丰富了现代服装设计表现手法，也表达了特定的文化内涵。

随着物质生活水平的提高，废旧服装的数量日益增加，为应对这一社会问题，设计师们积极探索旧衣再利用的途径和方法，化腐朽为神奇。以《“二次”牛仔》系列服装创作为例（如图 1–16 至图 1–19），运用解构重构的设计手法，将废旧牛仔“二次设计”，创作出独特风格的设计作品（如图 1–20 至图 1–22）。消费者在购买牛仔衣物时，除了挑选其款式外，同样更关注面料肌理的艺术性表达。所以进行废旧牛仔“二次设计”时重点突出特征元素的表达，如铆钉、钉珠、蕾丝、链条、贴图等元素。其次解构重构设计方法的灵活运用，使其呈现全新的面貌。基于拼布技艺的旧牛仔“二次设计”理念，为牛仔服装设计创新提供了新思路（如图 1–23 至图 1–25）。拼布不单是一门艺术，它还蕴含着可持续发展的理念，具有潜在的社会效应和经济价值。复古的靛蓝色是牛仔服装的经典风格之一。在当今人们追求节能时尚和溯源本质的趋势下，牛仔布料的经典靛蓝色和水洗后的褪色效果营造了复古的岁月感。

图 1–16

图 1–17

图 1–18

图 1–19

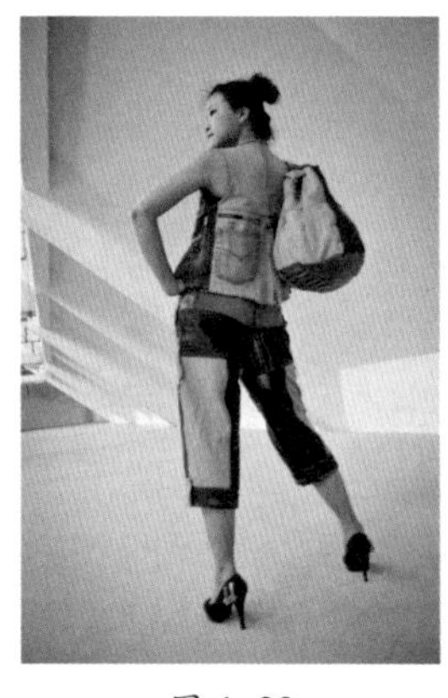

图 1-20

图 1-21

图 1-22

图 1-23

图 1-24

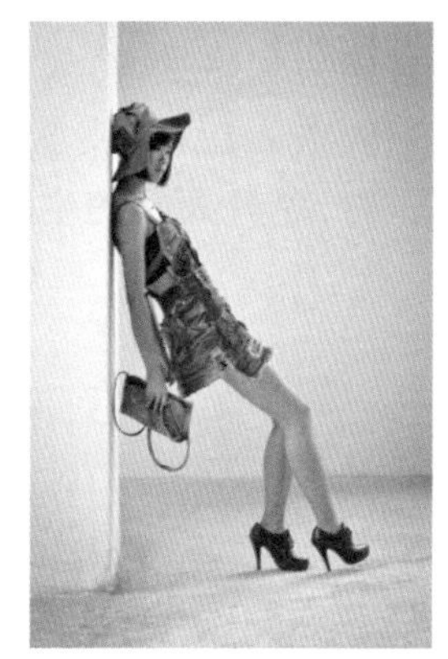

图 1-25

(5)建筑空间装饰方面

废旧纺织品应用于现代建筑装饰空间，属于现代纤维艺术的范畴，废旧纺织品应用于现代建筑空间装饰的作用可以理解为是一种媒介作用。这种媒介作用有两种理解：一是从现代纤维艺术的角度来看，是创作者观念、情感的表现媒介；二是从建筑空间的角度来看，是表达空间关系的媒介，表达空间与空间、空间与作品之间的关系等。

现代纤维艺术所呈现出的媒介作用，既是传统纤维艺术，如壁挂、地毯等形式的创新和发展，也是与建筑空间的建构相互影响的结果。但最主要是现代纤维艺术介入空间之后，关注、协调的是空间与人之间的关系。与纤维艺术相比，建筑空间更多强调的是科学、合理的规划设计过程以及空间的实用功能。这是理性思考之后的结果，虽然同样是以“人”为核心,但更偏向于实际的行为需求。虽然也有设计者理念与情感的表达,但并不占主导地位。从现代纤维艺术来看,其第一语言无可厚非的是材料的运用,但设计中起决定作用的是创作者的思想情感、材料的选择、肌理的表达、工艺技法的运用以及形式的构建,其主要目的都是为了创作出与建筑空间以及所处空间中的人相协调的艺术作品。

建筑的作用不仅仅是为了满足人类最基本的生产、生活的需求,从简单的遮风挡雨到家庭的核心场所,见证了每个人的成长,见证了人类文明发展的整个过程。由于资源的紧缺,在当代社会每个人所拥有的建筑空间都是有限的。以人类的居住场所为例,其内部空间往往是自我意识的反应,是社会发展、价值观念的综合体。于人类而言,类似于这样有限的居住、活动空间,既是难得的调整、修养身心之所。最重要的是,通过感官体会和感受,将人与环境、物质联系起来。现代纤维艺术作为建筑装饰空间最表层的"皮肤",柔化建筑的冰冷感,能够极大地缓解人们的心理压力,提升人们的生活品质,为人们提供想象的自由以及情感的寄托。

第二章 拼布的材料与工具

第一节 拼布的材料

一般来说，衣物是由面料、辅料及装饰物组成。面料、辅料是构成一件衣物的主要材料。

一 面料的类别及织物组织

虽然有些服装是由毛皮、皮革及其他特殊材料制成，但纺织材料类则是最常用的服装面料之一。

1.常用面料

常用的服装面料有棉、麻、丝、毛及混纺类织物，常用的拼布面料主要以棉、麻、丝等天然类织物为主。

棉织物是以棉为主要纤维原料的织物，多用来制作休闲服、内衣和衬衫等。棉织物外观朴素、自然，一般无光泽，具有轻松保暖，柔软亲和，吸湿性、透气性佳等优点。同时它还具有外形不挺括、水洗易缩等缺点，由于其易皱，使用时需整烫。

麻织物是指以麻为主要纤维原料的织物，包括亚麻、苎麻、黄麻、剑麻、蕉麻等。一般被用来制作休闲服、工作服，近年来也用业制作普通日常夏装。麻织物具有朴素、原始的外观效果，光泽较弱，具有吸湿性能好、不易霉烂虫蛀、透气性甚佳等优点，但麻织物手感较硬，粗糙。

丝织物是指以蚕丝为主要纤维原料的织物。丝织物品种众多，个性各异。丝织物紧密光滑，色泽明亮，手感柔顺，具有吸湿性好、透气性好且舒适等优点，其不足是易生折皱、褪色较快等。

毛织物是指用各类羊毛、羊绒为主要纤维原料织成的织物。毛织物外观端庄、稳重，色泽佳、蓬松、饱满，具有抗皱耐磨、保暖舒适、吸湿性能好、手感柔软、高雅挺括等优点。它的缺点主要是易被虫蛀，不易润湿，洗涤较为困难。

2.织物的分类

织物是由纱线织造而成的，按织造方法，可将织物分为机织物、针织物和非织造物等。

机织物，又称梭织物，是指由通过织机将经纱与纬纱按一定规律交织而成的纺织品。根据织物组织方式不同，机织物一般可分为平纹组织（如图 2-1）、斜纹组织（如图 2-2）和缎纹组织，还包括提花组织（如图 2-3）、联合组织等。

图2-1　平纹组织

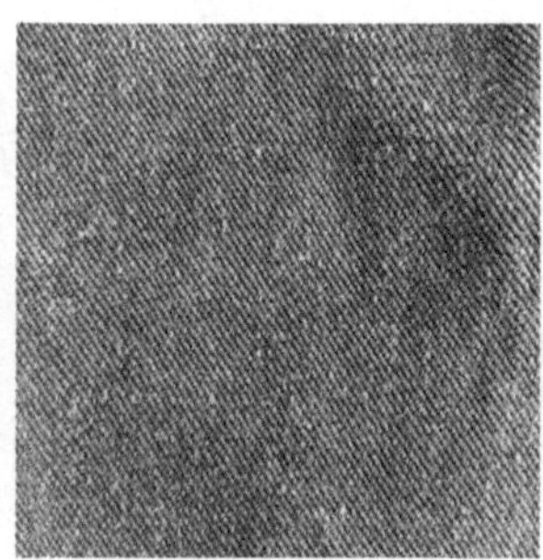
图2-2　斜纹组织

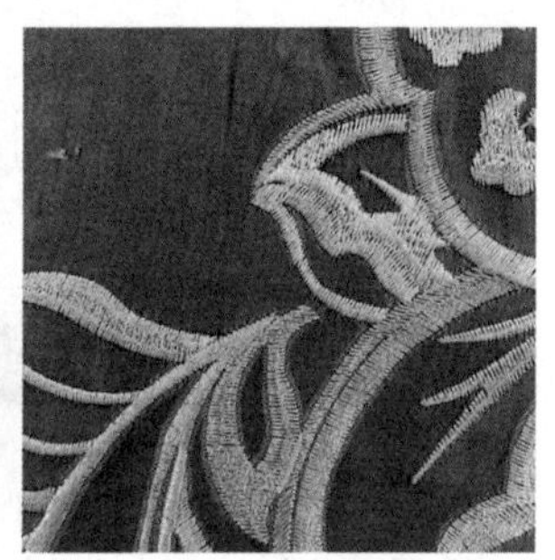
图2-3　提花组织

针织物，是指将纱线通过织针构成线圈再把线圈相互串套形成的织物。由于其形成方式，针织物具有良好的透气性与延伸性。针织物一般可分为经编针织物（如图 2-4）、纬编针织物（如图 2-5）。

图2-4　经编变化组织面料

图2-5　纬编针织物

非织造物是指以纺织纤维为原料通过粘、融或其他化学、机械方法加工而成的纺织品，具有耐用性、可即弃的特点，一般在服装中应用于辅料或一次性服装如无纺织布防护服等。

3.织物纤维的分类

纤维的结构与性能对面料的特性起着至关重要的作用，并决定了面料的内在与外观效果。

表 2-1　常见纺织纤维成分表

<table>
<tr><td rowspan="6">纺织纤维</td><td rowspan="3">天然纤维</td><td>植物纤维
（纤维素纤维）</td><td colspan="2">棉、麻</td></tr>
<tr><td rowspan="2">动物纤维
（蛋白质纤维）</td><td>丝纤维</td><td>蚕丝</td></tr>
<tr><td>毛纤维</td><td>羊毛、兔毛、驼毛、马海毛等</td></tr>
<tr><td rowspan="3">化学纤维</td><td rowspan="2">再生纤维
（人造纤维）</td><td>再生纤维素纤维</td><td>莫代尔、天丝纤维、粘胶纤维、醋酯纤维、铜氨纤维</td></tr>
<tr><td>再生蛋白纤维</td><td>牛奶丝、大豆丝、花生丝</td></tr>
<tr><td colspan="2">合成纤维</td><td>涤纶、锦纶、腈纶、丙纶、维纶、氯纶、氨纶等纤维</td></tr>
</table>

天然纤维是指自然界原有的一种纤维，这种纤维可以从植物、动物中获得并能够直接用于纺纱的纤维原料。天然纤维分为植物纤维即纤维素纤维与动物纤维即蛋白质纤维，蛋白质纤维包括丝纤维和毛纤维。天然纤维具有吸湿性能好，舒适透气，易缩水、发霉等特点。

纤维素纤维织物中，棉纤维织物的主要品种有牛仔布、灯芯绒、府绸、咔叽布等，麻纤维织物有亚麻、苎麻等。蛋白质纤维织物中的丝纤维织物包括素绉缎、电力纺、织锦缎、塔夫绸等。而毛纤维织物包括凡立丁、派力司、华达呢等。

化学纤维是指用天然或人工高分子物质为原料加工制成的各种纤维原料。化学纤维分为再生纤维与合成纤维，再生纤维包括再生纤维素纤维，再生蛋白纤维，织物具有吸湿、透气性好、舒适、不易产生静电等性能优点，合成纤维织物具有强度高，弹性好，织物平整、耐磨，色彩鲜艳，色牢度高等优点。

再生纤维中，最主要的品种是粘胶纤维，还包括醋酯纤维和天丝纤维等。合成纤维中有涤纶纤维、腈纶纤维、锦纶纤维等。

二 辅料及装饰物

1.缝纫线

除了少数服装，大多数服装衣片都是用缝纫线缝合，缝纫线主要用于缝合、拷边、缉缝和绗缝等。

2.扣合件

(1)纽扣

纽扣是使用频率最高的扣合件之一，其款式根据服装品类、风格在材质、色彩、风格、形状的选择上会有所不同。根据材质的不同，可以分为树脂扣(如图 2–6)、金属扣(如图 2–7)、塑料扣(如图 2–8)与天然材质扣，例如贝壳扣(如图 2–9)、木头扣、椰壳扣等。纽扣形状多为圆形，根据服装款式、风格要求也有异形纽扣(如图 2–10)。纽扣普遍为两孔或四孔的平扣，也有无孔或有脚扣(如图 2–11)，为追求服装样式的统一性还有使用大身面料作为纽扣面的包扣。纽扣颜色多样，多为纯色配色(如图 2–12)，女士衬衫会出现多样式精致小纽扣，大理石花纹纽扣常出现于大衣之中等。

图2–6　树脂扣

图2–7　金属扣

图2–8　塑料扣

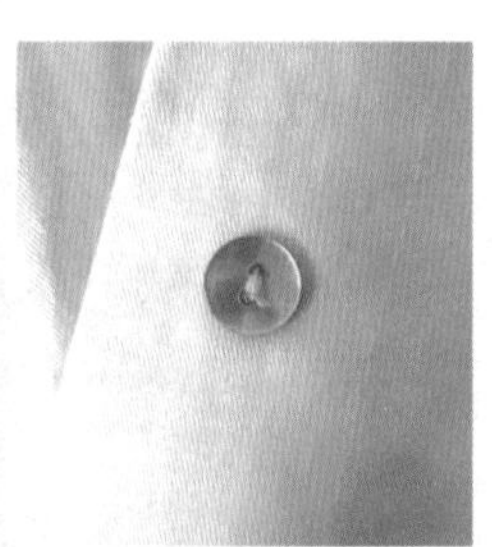
图2–9　贝壳扣

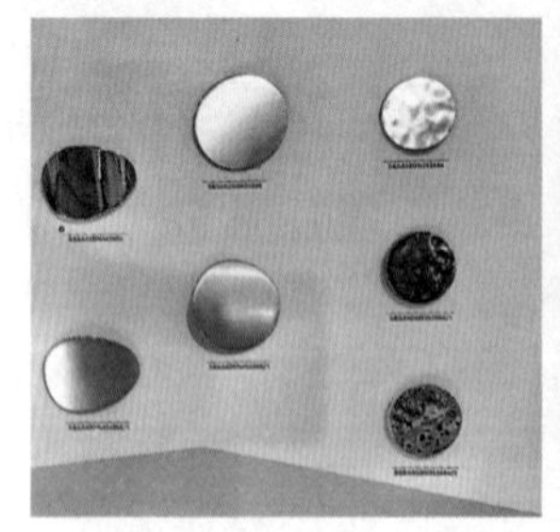
图2–10　金属异形扣

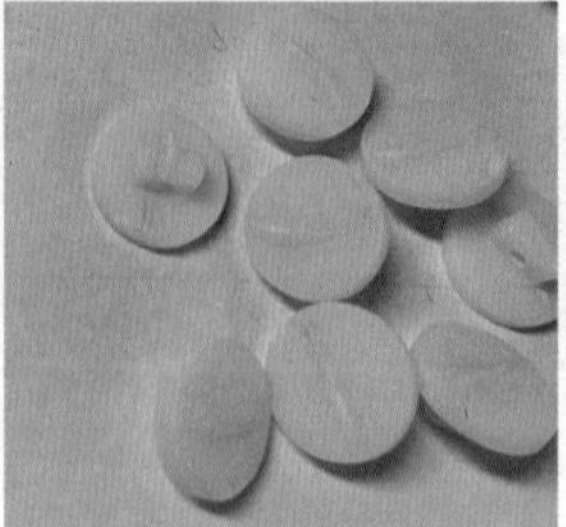
图2–11　有脚扣

图2–12　纯色扣

(2)拉链

拉链也是常用的服装扣合件之一,一般用于服装的门襟或口袋位置进行开合,由拉链齿、拉链带、拉链头、拉链手柄、上掣、尾掣组合而成。拉动拉链手柄,拉链头将拉链齿进行分开或闭合,使连接服装的拉链带进行开合。有些服装为了能在上下两个方向进行开合,会装双拉柄拉链头或两个拉链头。拉链手柄上有时会有具有设计感的坠子(如图2-13、图2-14),以增加服装风格。拉链根据拉链齿所用材质分为金属拉链、尼龙拉链、树脂拉链三种类型。金属拉链拉链齿通常有铜齿或铝齿的;尼龙拉链颜色众多,可以符合大多服装的配色要求,通常适用于轻盈的服装之中;树脂拉链耐拉性较好,通常适用于羽绒服、卫衣开衫等服装中。拉链的颜色由于其材质也会不同,尼龙拉链或树脂拉链拉链齿与拉链头通常是与服装大身颜色配色,而金属拉链的拉链头与拉链齿颜色,多为亮银、哑银、哑金、枪色等,拉链带的颜色通常为涤纶材质,与服装配色。

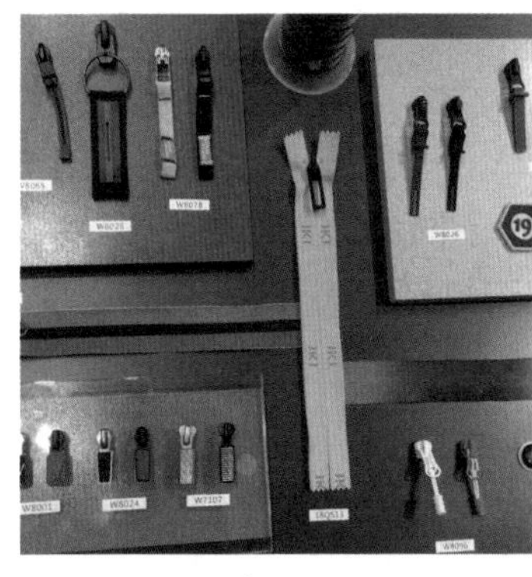

图2-13　　图2-14

(3)子母扣

子母扣是一种两件式扣合件,由阴扣与阳扣组合而成,阴扣扣合方式便利,使用阳扣上凸起来的顶与阴扣的凹槽中产生开合力,固定衣物。利用子母扣扣合形式的种类较多,四合扣具有面扣,其“盖”部件位于阴扣的部件中。揿纽具有两种类型,一种没有面扣通过爪扣固定,另一种具有面扣用“盖”固定阴扣,用“销”固定阳扣。子母扣通常由金属制成,颜色多为亮银、哑金、哑银、枪色等,为配合服装款式,子母扣可以根据指定颜色进行喷漆。

(4)尼龙搭扣

尼龙搭扣俗称魔术贴,是一种带状扣合件。尼龙搭扣由两片带状尼龙部件组成，一条表面带细小钩子，另一条表面具有非常柔软的圈环。当带钩部分压在带圈部分上，钩会被圈抓住，这样两根带子就会非常牢固地扣合在一起，并能够承受很大的拉力。由于其材质价格便宜且粘合力强，常用于服装上。

3.其他类

(1)衬头

衬头的主要功能之一是加固使用衬头的服装部位。与揿纽、铆钉或气眼一起使用的衬头就是为了这个目的。使用衬头的另外原因是增加衣片的硬挺性或使服装部位形状稳定。

(2)填料

填料又称为芯料，是为服装提供额外的保暖性的一种辅料，位于服装的面料与里料之间。填料分为絮状填料与非织造纤维层，絮状填料是以无规则状态填充，比如羽绒芯和棉花芯，需要将缝纫线通过绗缝工艺将其限制在位；而纤维层填料在服装中广泛使用，可按衣片大小裁剪，处理方便。

(3)标签

服装中的便签根据其功能处于不同的服装部位，例如品牌标签一般位于服装的后领，水洗标签出现于大身侧缝线，裤子中还会出现各式皮标、布标，作为服装品牌标识或是装饰。

服装中还可能使用其他的一些辅料。绳子在服装与服饰品中的应用兼具有装饰性与功能性双重属性，以调整大小、宽松等功能性为主，装饰性次要。抽绳的材质多样，一般根据所配的服装风格、部件功能而定，棉绳不具备弹性，可以用绳头阻止绳带退入绳槽，牛筋绳具有弹性用猪鼻扣等绳塞通过其内部的弹簧帮助保持其收紧状态。绳子款式众多，其颜色从白色到五彩到黑色， 图案形式从线条到几何到不规则图形或是文字、字母，绳头装饰从简单的打结到塑料、金属材质的多样款式，编织数量从单股到多股编织，形状从圆形、方形到扁形。垫肩是通过呈半圆形或椭圆形的衬垫物增强肩宽的视觉效应。铆钉常用于外套或裤子，其金属的材质效果，增强男装的阳刚气质，但它现在也用于女装。花边常用于女装，增强温柔气质，通常用于女士衬衫或女士内衣上。没有松紧的服装为达到收紧服装的功能，通常使用腰带，通过日字袢和 D 形扣来收放腰带的宽度。

在废旧衣物拼布作品中，多样的辅料品种为拼布创意实践提供了大量装饰素材。

三 废旧牛仔衣物的主、辅材料

在众多的废旧纺织面料中，牛仔衣物因其使用人群广泛、风格独特而成为流行的时尚，因此，废旧牛仔类服饰成为废旧衣物中重要的组成部分。为了研究的方便，本书将重点介绍废旧牛仔衣物在拼布中的应用实践。

1.主料及部件

牛仔布，是一种先染后织的色织经面斜棉布，手感较为粗厚，颜色多为深蓝色，但区别于其他材质的蓝色面料。深蓝色中掺杂着白纱的杂色的牛仔布，视觉感丰富又复古（如图 2–15），这种特殊的面料视觉效果是因其由靛青色的经纱与浅灰色或本白的纬纱织造而来。

近几十年来，伴随着中国服装产业的迅速发展，牛仔布也随之发展与创新，纺织技术、织物结构、材料选择、后加工工艺的进步使得牛仔布的颜色、风格、肌理出现多样化的趋势，形成了种类繁多的牛仔布料市场（如图 2–16、图 2–17）。

牛仔服装市场的发展，为废旧牛仔衣物的再次利用提供了更多可能。回收的废旧牛仔衣物通过消毒水洗后，便可以成为拼布创作的主要材料了。

图2–15 牛仔布

图2–16 蓝色系牛仔布料

图2–17 黑色牛仔布

（1）贴袋

我们平常所使用的口袋，又称贴袋，是直接用手缝袋或车缉做成的，在牛仔裤当中一般运用于后片的臀部位置，多对称式，贴袋是牛仔类服装的主要附属部件之一（如图 2–18），贴袋在设计中主要以使用为主要目的，装饰次之。但随着人们对设计感的需求日益强烈，服装款式的丰富，贴袋的装饰作用也日益突出。它的作用不单纯以实用性而存在，同时兼具装饰功能。贴袋款式多样且新颖，为突出个性需求，在明缉线的设计上，会对缝纫线的粗细、针迹的疏密、排列形式进行设计。明缉线的颜色一般采用配色线搭配，为寻求复古的效果，有时采用撞色线进行搭配（如图 2-19）。在贴袋的结构上，运用死褶、活褶、镶边的工艺或加扣、加链（如图 2-20）、加贴布等增加贴袋的装饰性。

贴袋的装饰形式多种多样（如图 2-21），经过“二次设计”，运用在拼布作品当中不仅符合一些特殊造型的需求，而且起到了画龙点睛的作用。

图2-18 贴袋

图2-19 撞色线

图2-20 加链贴袋

图2-21 形式多样的贴袋

（2）腰头

牛仔裤腰及腰头（如图 2-22），指的是牛仔裤装最上端系腰带的地方。腰头与裤身相连，通常与襻带、扣眼、摇头扣（如图 2-23）并存，具有较强的功能。牛仔裤腰头的材质、颜色、水洗效果一般与牛仔裤整体相同，由于牛仔裤种类各异，腰头也丰富多彩。在牛仔拼布作品创作中，可根据尺寸的大小和表现对象灵活运用，腰头水洗的肌理效果能够较好地表达古建筑斑驳的历史痕迹，上下两侧的撞色或配色明缉线也能较好地丰富画面的视觉效果。

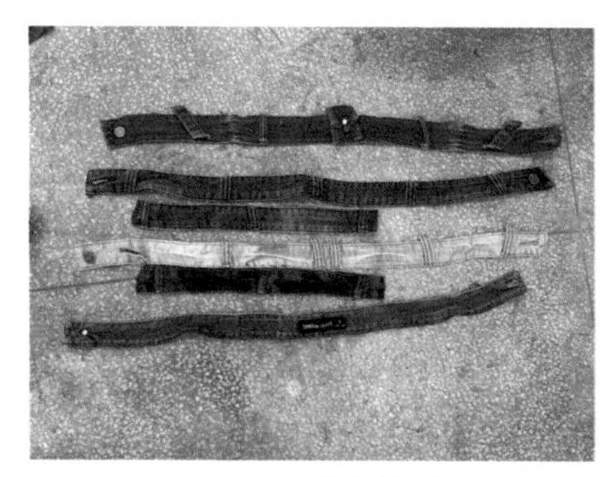

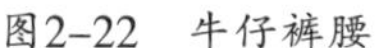

图2–22　牛仔裤腰

图2–23　包含襻带、扣眼、摇头扣的牛仔裤腰

(3)襻带

又称裤鼻、串带襻、裤耳、带襻，缝制在裤腰部位，其主要功能是用来固定腰带防止滑落。襻带的样式虽然没有那么多样，但也具有实用性与装饰性。襻带的功能性体现在服装的各个部位，如肩襻带、袖口襻带、腰襻带，腰襻带包括裤腰襻带与牛仔外套上的腰襻带。一般襻带与牛仔衣物整身同色同料，其四边都有线迹，两长边为较大的线迹，两短边为较小的线迹。一般其线迹颜色为撞色或配色，撞色效果具有极佳的装饰效果。在废旧牛仔拼布作品中，襻带运用方式多样，是重要的部件之一。

2.辅料

(1)拉链

牛仔裤拉链一般都是金属拉链(如图 2–24)，也有少量使用尼龙或树脂材质的。在牛仔拼布作品中，拉链用于画面细节部分的刻画，其金属材质与作品面料的柔软视觉效果形成对比，具有强烈的视觉冲击。

(2)铆钉

铆钉(如图 2–25)主要是指一端有帽的钉形物件的零件，主要是用于连接带通孔。铆钉在牛仔衣物中的作用分为功能性和装饰性，功能性的

图2–24　拉链

图2–25　铆钉

铆钉一般出现在牛仔裤装的口袋位置,可增强牛仔裤装的结实度;装饰性铆钉种类多样,而且不拘形式,一般出现在装饰位置上。在牛仔拼布作品中,铆钉的材质与牛仔面料材质不同,能够用于刻画不同对象,体现不同的视觉效果。

(3)明缉线

明缉线一般是指服装上露在表面的线迹,是牛仔类衣物的重要特征之一,多出现在袖口、结构线、领口、侧缝、裤脚、腰头等处,颜色一般与服装主料颜色同色(如图 2-26)、撞色(如图 2-27)或彩色(如图 2-28)。在牛仔拼布作品中,是表达画面视觉或触觉肌理的重要装饰部件,丰富画面视觉效果。

图2-26 同色

图2-27 撞色

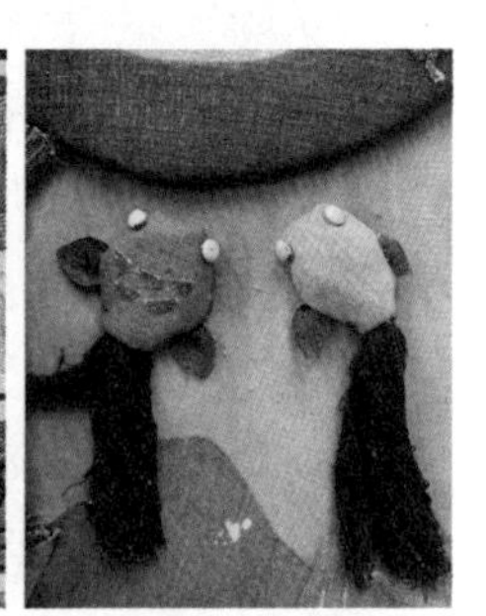
图2-28 彩色

(4)扣子

扣子,指纽扣。牛仔衣物的扣子样式多种多样,根据服装款式不同,扣子的款式也各不相同(如图 2-29),牛仔衣物一般配树脂的纽扣或是金属摇头扣。摇头扣由扣面与螺丝钉组成,其颜色多样,多为银色、哑银色、亮银色、古铜色(如图 2-30)、红古铜色、枪色等,表面款式有凹形、凸形、平面形状等,花样通常为字母或图案,其材质多为金属。在牛仔拼布作品

图2-29 多样的摇头扣款式

图2-30 古铜色摇头扣

中，摇头扣常作为某一特定物体的替代，其颜色与牛仔衣物搭配协调，巧妙地将衣物纽扣运用于拼布作品创作之中，独具特色。

3.装饰物

(1)钉珠

又叫重工钉珠，将空心的宝石、珠管、亮片等装饰物通过针线缝制在家居织物、包、衣物上，是传统的钉珠工艺，既具有华丽之感，又有很强的立体浮雕效果。随着时代的进步，钉珠工艺也在不断地发展，材质上不再仅限于传统的宝石亮片，还将羽毛、纽扣、手工绢花、铆钉、贝壳应用其中，技术上还运用了铆合、高温熨烫、立体串珠等方法，因此钉珠的应用从广度和深度上都有了较大的发展。巧妙地运用于牛仔拼布作品创作中，常表现出以假乱真的视觉效果。

(2)刺绣

刺绣，古称针绣，与钉珠同属于手针工艺。刺绣是通过穿针引线，在纺织品上运针刺绣预先设计好的花纹样式，以绣迹构成装饰图案的一种手工艺。在中国汉民族传统刺绣工艺中，各地刺绣手工艺大放异彩，比如湘绣、苏绣、粤绣和蜀绣，被称为中国“四大名绣”。除此之外，在我国各地还有京绣、杭绣、鲁绣等名绣，而我国少数民族众多，如壮、布依、侗、苗、土家、白、彝、朝鲜等民族也都有具有本民族特色的刺绣工艺。而牛仔衣物中的刺绣工艺，一般多应用于领口、胸前、口袋(如图 2-31)和裤腿(如图 2-32)等主要装饰部位。这些刺绣材料在牛仔拼布作品创作时常被巧妙应用于装饰部分，起到丰富视觉语言的作用。

图2-31　口袋处刺绣

图2-32　裤腿处刺绣

(3)皮标、贴布

皮标通常有帆布、真皮、超纤、PVC、马毛、TPU 等材质，一般多用于手袋、包、鞋帽和牛仔裤后腰等处，其中真皮的皮标包括羊皮、牛皮、猪皮等。

皮标的工艺一般为热压(高温定时烫)居多,根据设计师所需要的样式选择不同的皮标工艺,如电压、丝印、激光、车线、绣花、打五金等,通过皮标工艺可以将设计师所想表达的主题加以展现。牛仔服装的皮标一般为褐色或棕色系列皮质(如图 2–33),也有其他颜色。由于牛仔服装款式风格多样,解构的皮标颜色、材质、图案也各不相同(如图 2–34、图 2–35),可在牛仔拼布作品创作时巧妙用于建筑装饰部件,如牌匾、栏栅等。

图2–33　褐色皮标

图2–34　款式多样的皮标

图2–35　款式多样的皮标

(4)烫石

在牛仔衣物的制作过程中,烫石(如图 2–36)分为两种类型,一种是购买散装的各色款式的烫石,根据款式所需的图案进行搭配粘贴(如图 2–37);另一种是由厂家提供拼装好的整块烫石图案。烫石具有区别于主料面料、金属材质的特殊的视觉效果,在牛仔拼布作品创作时,细化对象、精致作品,具有很强的装饰效果。

图2–36　烫石

图2–37　逐个粘贴的烫石

(5)其他

牛仔衣物的颜色以蓝色或蓝灰色系列为主。为增加牛仔产品的个性

化并与其他服饰、配件的搭配能力，在牛仔面料上进行贴布（如图 2-38）、印花（如图 2-39、图 2-40）、缝制标签（如图 2-41、图 2-42）等特殊工艺，提高了牛仔产品的艺术性和感染力。

图2-38　贴布

图2-39　印花

图2-40　印花

图2-41　标签

图2-42　标签

第二节　废旧衣物拼布制作的工具及材料

一　装裱材料

1.油画布板

油画布板是专门用于绘制油画、丙烯画的特制布板（如图 2-43），油画布材质有纯棉、亚麻、化纤、棉麻等。在拼布作品创作时常选用亚麻布板作为底板，亚麻油画布板有着价廉、轻巧、平整、耐潮、耐腐蚀、不易脆化、紧密厚实等优点，且油画布板的市场已趋于成熟，能够根据实际需要提供不同规格尺寸、造型的背景板，为拼布作品创作带来便捷。但由于油画框底布是布料，在制作时无法支撑较重体量的布料叠加，适合制作轻薄的拼布作品，便于画面的平整。配合使用的工具还有马丁枪（如图2-44）等，在拼布作品制作时，常需将大块牛仔面料作为底布固定在油画布上。

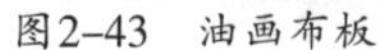
图2-43　油画布板

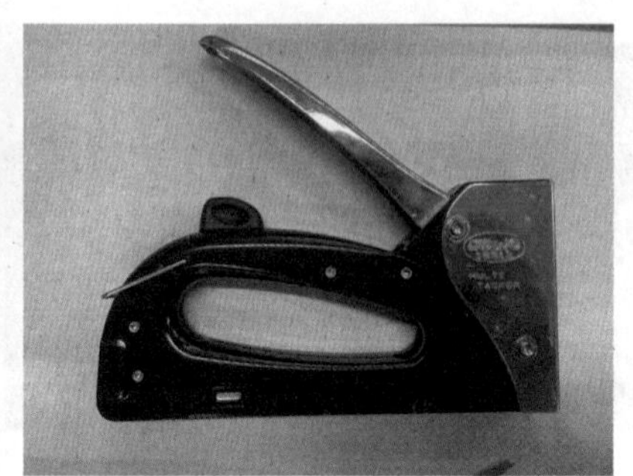
图2-44　马丁枪

2.木工板

木工板是由两片单板中心胶压拼接木板而成。此类板材与实木木板相比价格低廉，批量使用时成本低。在拼布作品创作时一般使用方形的木板材和长条形的板材棍。方形的木板材适合竖构图的拼布作品，虽然体量重于油画框，但是创作重工拼布作品的最佳背景板材，承重性能好，底板硬且能够支撑繁复层叠的拼布面料，利于作品画面的平整效果。木条一般与毛毡底布共同使用，便于悬挂展示。

3.毛毡布

毛毡布是利用加工黏合羊毛制成，具有耐磨、防潮、可折叠的性能特点，创作时作为拼布作品的底布材料。毛毡布不如油画框轻巧、木工板支撑力强，但毛毡布的可折叠性为拼布作品的运输带来了极大的方便，降低了运输成本。毛毡作为底布时需要结合木棍，毛毡无法支撑拼布作品的重量，与木棍的结合，为拼布作品的展览展示提供了支撑。根据作品形式选择不同的组合方式，如竖向作品可以在顶部支撑，其中幅面较大的作品，也可根据实际需要分割为多块拼合，以免作品过重引起木条中间弯曲或断裂；横向作品选择两侧用木条支撑，好似卷轴，展览展示时将钉子钉在木条内侧得以固定。

4.其他

木条（如图2-45），在拼布作品的装裱过程中，木条的使用为作品创作形式与展览展示提供多种可能。除了与以上提及的各类材料结合使用外，废旧衣物拼布作品的形式多种多样，如《运河故事：回溯·今朝》作品仅用四根方形木条组合成长方形的框架，再用小木条将框架中的四个角斜向固定，为了增加其稳定性，在长方形框架的长边上，选择较宽的木材板条根据长边的长度均匀固定，使板条固定于长方形两长边之上。在进行装裱材料制作的过程中，注意保持一面的平整性。底布固定同油画板相似，将面料拉紧绷直，利用马丁枪将其固定在木框架的背面，保证表面的平整和美观。此类装裱框的制作可以与编织的拼布形式组合，将编织麻绳竖向排列在长边上，再通过横向的编织，制作拼布作品。

图2-45　木条

二 裁剪工具

1.剪刀

拼布用的剪刀也有分类，根据裁剪对象不同可选择不同类型的剪刀。如裁剪面料时，需要用面料剪裁剪刀（如图 2-46），多使用 9 号、10 号剪，也会根据使用者的手部大小挑选型号适宜的剪刀；剪线头时，需选择剪口较小、结构轻巧、使用方便的纱线剪刀（如图 2-47）。另外，需要注意的是在拼布创作实践中，刷浆晒干后的面料，其质感已变硬挺，这时不宜再用面料剪裁剪刀，需要用锋利的普通剪刀，既不伤刀面，也能快速裁剪出想要的形状（如图 2-48）。

图2-46　面料裁剪剪刀

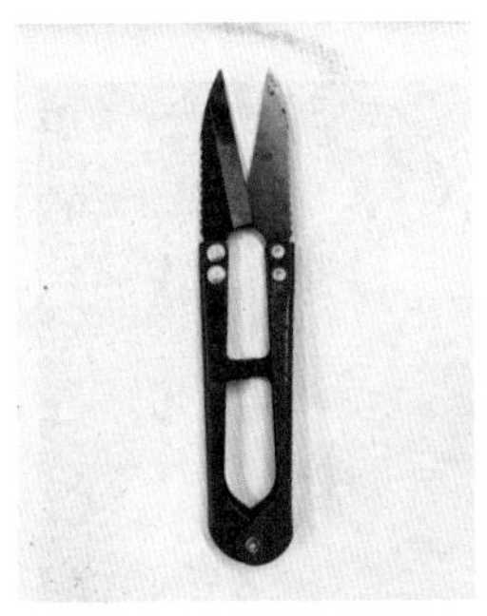

图2-47　纱线剪刀

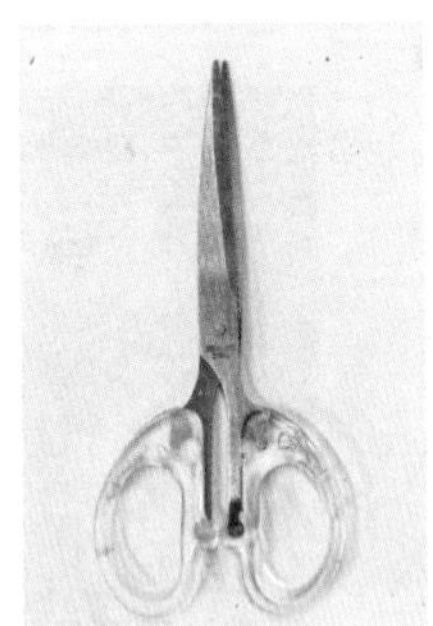

图2-48　普通剪刀

2.拆线器

对废旧衣物进行解构时，拆线器（如图 2–49）是拆卸衣片的重要“利器”之一。尤其是拆卸衣物缝份时，可轻松拆解大块衣片。首先将拆线器顶部穿入缝合处（如图 2–50），推动手柄，线迹随之断开（如图 2–51）。拆线器刀口锋利，能够快速拆解，提升效率，同时还能避免损伤布与线。另外，拆线器易钝，但可以反复使用，在磨刀石的棱角处能够使之越磨越锋利。

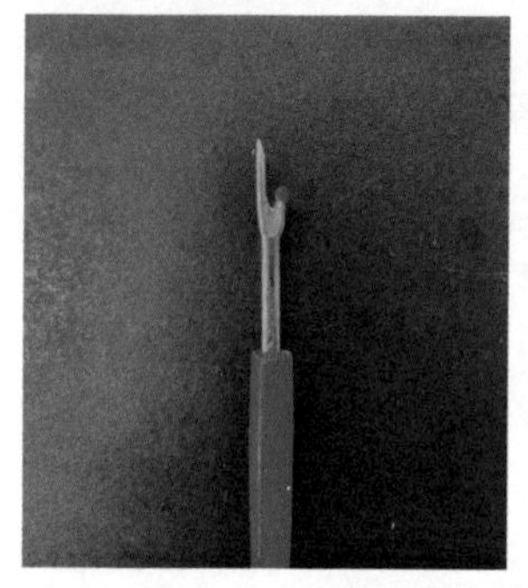
图2–49　拆线器

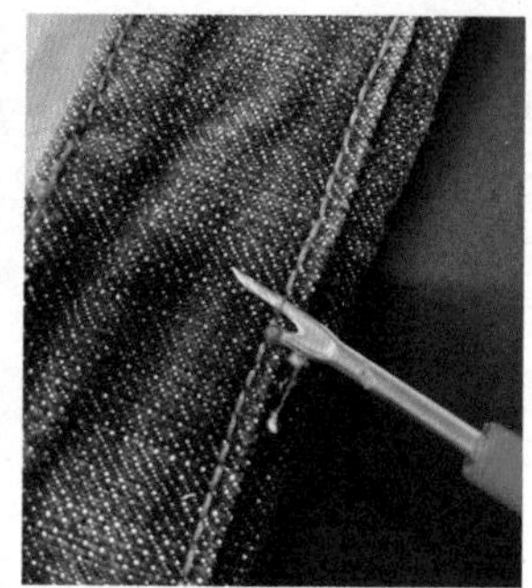
图2–50　顶部穿入

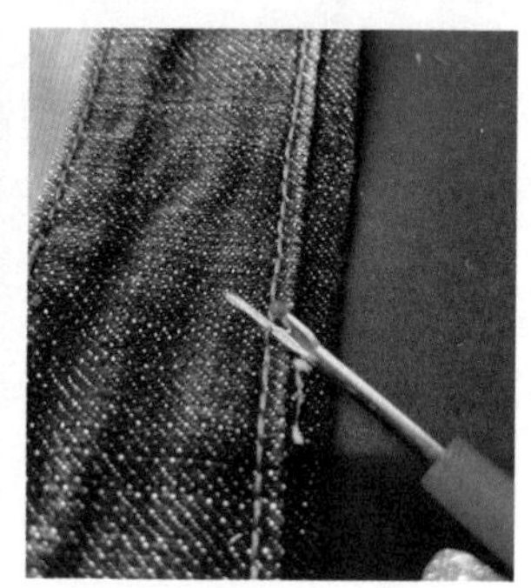
图2–51　推动手柄使其断开

3.轮刀

轮刀（如图 2–52）也叫裁布刀、圆刀，适用于重复性的布料裁剪，轮刀的刀片可进行替换，能够满足直线型、大小波浪型、断续型的裁剪需求。根据刀片的直径，轮刀可分为 28 毫米与 45 毫米尺寸（如图 2–53），在拼布实践中根据布块大小需要选择不同尺寸的刀片。另外使用轮刀时还需配合专用垫板，以免划伤桌面。

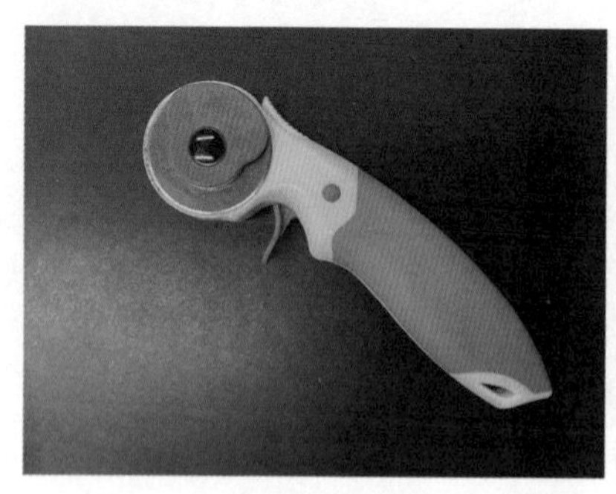
图2–52　轮刀

图2–53　45毫米刀片

三 粘贴工具及材料

1.胶枪、胶棒

胶枪是拼布创作中最常用的粘贴工具之一（如图 2–54），它能够满足拼布创作过程中移动使用的需求，它可耐高温，且在长时间的高温使用状态下不发生变形，同时枪身重量轻，操作方便，使用灵活。胶棒是一种固体型黏合剂（如图 2–55），其主要材料为乙烯–醋酸乙烯共聚物（EVA），能够快速黏合，而且具有强度高、无毒害、胶膜韧性好、耐老化等特点。

在拼布创作实践中，热熔胶使用方便，且操作灵活、粘贴快速，但会慢慢冷却使黏合强度减小，一般用于拼布作品细节部位的粘贴。

图2–54　热熔胶枪

图2–55　热熔胶棒

2.乳胶、毛刷

乳胶是一种热塑性黏合剂，属于水溶性胶粘剂的一种。白乳胶（如图 2–56）可以在常温下固化，具有黏结程度强等特点，而且黏结层韧性好，持久性高。

白乳胶相比热熔胶，涂抹方便，最大限度弥补了热熔胶的缺陷，常用于面积较大的布料粘贴。在拼布实践中，白乳胶需要先掺水稀释，再使用毛刷蘸取均匀刷于需粘贴部位。根据粘贴面料的大小，选用适中的笔刷（如图 2–57），白乳胶黏结强度较好，笔刷使用后需及时用清水浸泡清洗。

图2-56　白乳胶

图2-57　笔刷

3.针、线

在拼布创作实践中，针的作用一般为面料缝合、刺绣图案等，按作用不同选择不同规格和型号的针、线。选择绣针时，常使用尖头针，针尖应越尖越长为好。

在废旧牛仔拼布创作时，因牛仔布料较为粗糙，绣线常选择天然纤维纺纱成的绣线，如选择纯棉绣花线绣制图案。纯棉绣花线具有不起毛、色谱齐全、耐晒、强力高等特点，主要是由精梳棉纱制成，与牛仔面料相适宜，美观大方。

4.其他

现代拼布艺术的创作，区别于传统的缝制工艺，创新性的黏合材料为现代拼布艺术提供无限可能。

尼龙搭扣俗称魔术贴，具有子母两面，是衣物常用的一种连接辅料。在废旧衣物拼布实践中，三维作品具有更加立体的视觉效果，但其运输时易造成损坏，所以如《徽语门庭》《门第》等作品，将立体的部件通过魔术贴与底布进行黏合（如图 2-58、图 2-59），易于拆解、组合，方便运输和安装。

图2-58　作品《徽语门庭》

图2-59　《门第》

四 辅助工具及材料

1.颜料类

在拼布创作实践中，颜料的使用能够丰富、统一画面。常用的颜料有水粉颜料、丙烯颜料、纺织纤维颜料。

水粉颜料，是一种具有覆盖力的特殊水彩颜料（如图 2–60），约有 7 种色系，其中包括灰色系、红棕色系、黄色系、绿色系、蓝紫色系、高级灰（八大灰）、灰度等特殊颜色。每个色系有三到九个色阶（如图 2–61）。在纯度上，水粉颜料上色前饱和度较高，干后较低。在明度上，水粉颜料需要通过加粉或者与粉质较高的颜料调和得以提高。水粉颜料干湿变化较大，上色时颜色适宜但干后普遍变浅变灰。只有通过多次实践，把握水粉颜料明度、纯度、干湿性、受色性能、覆盖能力等特性，才能熟练运用于拼布作品之中。

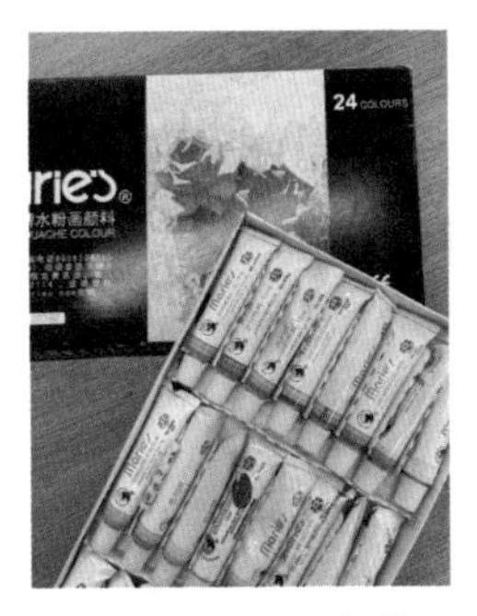

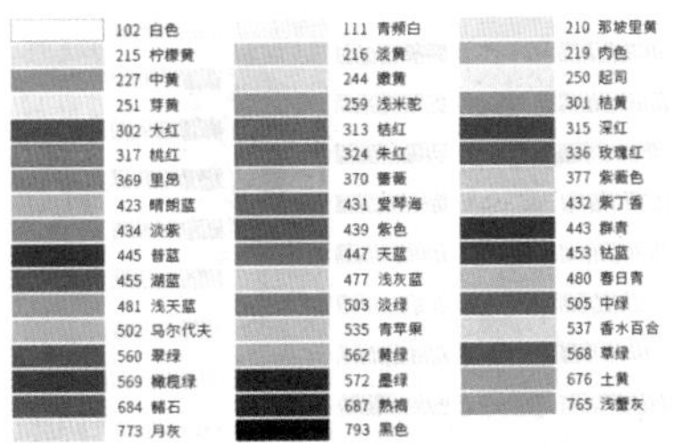

图2–60　水粉颜料　　图2–61　图片源于马利牌水粉颜料色彩板

水粉颜料的粉质与具有覆盖力的特性使其在绘画中得以灵活运用，既可晕染，也可以层层叠加刻画细节。

丙烯颜料，是一种分散性的绘画颜料（如图 2–62），它主要是采用溶解于矿物酒精中的聚甲基丙烯酸甲酯制成，有时也称可塑颜料或者纯丙烯颜料，主要是用来区别含有其他水溶性树脂和丙烯制成的聚合颜料。丙烯颜料不会发黄且干得快，还能够用松节油或矿物酒精轻松洗掉。同时丙烯颜料颜色齐全，且有着干湿变化小，表面

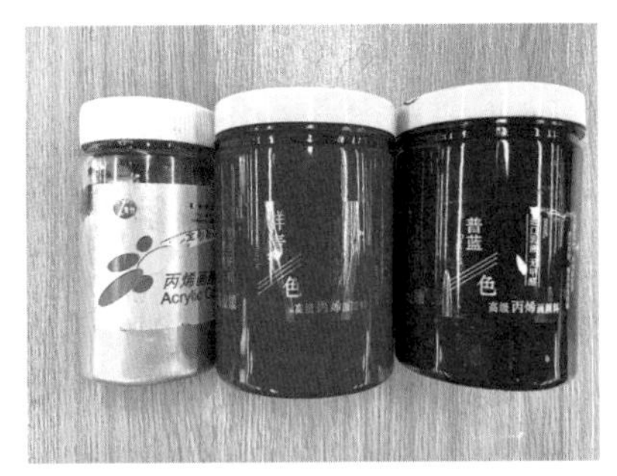

图2–62　丙烯颜料

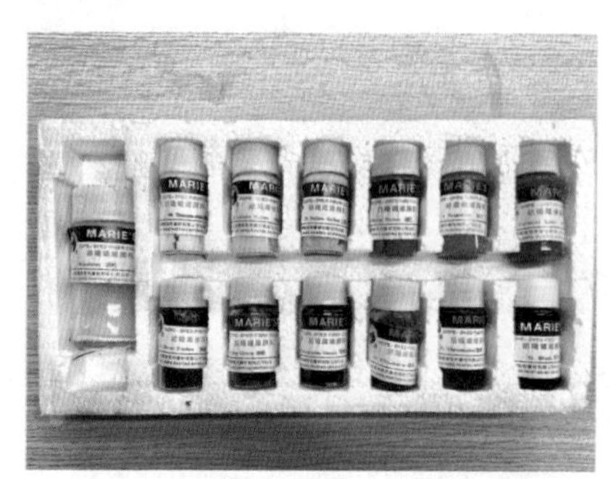
图2-63 纺织纤维颜料

富有光泽，干后无干裂、脱落且防水等优点。

纺织纤维颜料，是专门应用于纤维布料丝网印刷的一种纺织颜料（如图 2-63）。主要用于服饰手绘图案等，使用时需配合专用的颜料或调和剂，再用 150℃熨斗进行高温烘焙5分钟左右。使用熨斗前需要垫一块白色的棉布在已着色的纺织颜料上，防止在熨的过程中使面料变色。纺织颜料附着力相对较小，操作不当容易掉色，一般烘焙 24 小时后才可以洗涤。

2.染料类

染料，是一种有机化合物，能使其他物质色泽牢固且鲜明，现多以人工合成颜料为主（如图 2-64）。颜料和染料都是自身有颜色的化合物，并能以分散状态或者是以分子状态使其他物质染色，色泽牢固且鲜明。在废旧衣物拼布实践过程中，因画面通体为牛仔布的本色，有时会加入一些其他色彩的元素，如红色的灯笼、对联等。市面上的红色面料多为鲜艳、靓丽，而在废旧衣物所呈现的是有陈旧和破败感的颜色，与其不相适宜，通过深色染料对红色的棉质面料进行浸染，会出现与旧牛仔布本色相适宜的色彩，使画面协调、统一。

图2-64 染料

3.笔类

拼布画面调整时，需要使用适宜的颜料进行绘制。根据画面大小，选择适合型号的画笔进行描绘，常用的型号有 1 至 12 号，也有一些特殊型号的笔。画笔的笔头可分为纯毛和化纤两种材质：纯毛笔适合湿画法和薄画法，颜色也多为白色；化纤类笔头多为棕色，笔头较硬，比较适合厚画法和干画法。在画面调整时根据实际需要灵活选择和使用。

4.其他

划粉，与粉笔类似，常用于面料上轮廓线的绘制（如图 2-65），常用的主要有硫酸钙（石膏）和碳酸钙（石灰石）两种成分。划粉还具有气化性，画线力度深浅与气化时间、空气湿度和温度的高低紧密相关，在画的过程中可根据画线力度进行调整。由于表面经过特殊的涂层处理，划粉在使用过程中对人的身体无害，且不沾手。在废旧衣物拼布作品实践过程中用于各部件在底布上的定位等，在部件粘贴前辅助准确地把握各部件之间的位置关系。

除划粉外，还可选择水消笔，水消笔笔头较细，遇水消失，便于使用。

镊子，也是常用的辅助工具之一，用于细小物品的夹取和协助拼接，如夹取金属颗粒、细小布片等（如图 2–66）。在废旧衣物拼布实践时，主要用于细节处理，尤其是处理不便于手指直接操作的细小部位。

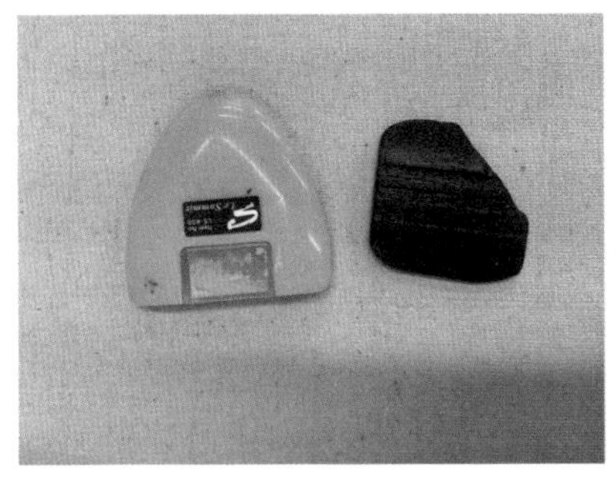
图2–65　石膏划粉

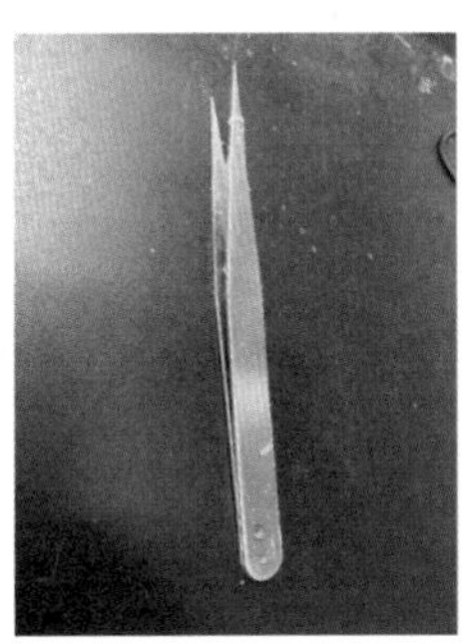
图2–66　镊子

指套，具有隔热和防静电功能，乳胶材质，弹性较好，卷边设计方便穿戴（如图 2–67）。胶枪的出胶口和胶体具有很高的温度，指套可以起到隔热、防烫伤等功能。

珠针，是用于面料重叠，模拟缝合点的辅助工具（如图 2–68），易用易取。在废旧衣物拼布实践中，有时需比对两块面料或部件的位置关系，此时可以借助珠针“假缝”。

图2–67　指套

图2–68　珠针

超轻黏土，简称超轻土，是一种纸黏土，容易塑型。具有新型环保、自然风干、无毒等特点。超轻黏土具有与其他材质的结合度高的特性，不管是纸张、玻璃、金属，还是蕾丝、珠片都有极佳的结合度，此外还具有很强的抗霉性。在废旧衣物拼布实践时，由于面料柔软，不易塑型，常用的泡沫板材类填充物只适用于平整造型的层叠与塑造，超轻黏土可以根据实际需要灵活塑型，达到较好地表达画面的效果。

第三章 废旧衣物面料再造工艺及技法

面料再造，是指使用某一材料或多种材料进行创新的创作手法，这种创作通过对材料材质、肌理、视觉语言的再次设计来表达设计者独有的理解和感受。面料再造的方式方法多样，根据设计需要，将原有面料通过解构、重构、排列、破坏或拼接组合等工艺手法，对其重新塑造，使之成为具有独特视觉肌理效果的全新面料。面料再造工艺丰富了面料视觉语言，更好地诠释和表达了设计理念，赋予作品精致的艺术风貌。因废旧衣物面料种类繁多，风格各异，为了研究的方便，下面仅以牛仔类面料为例进行详细介绍，以“点”带面，触类旁通。

第一节 解构性再造

一 裁剪

面料再造中的解构需要通过裁和剪工艺实现，因此，裁剪是解构再造中重要的基础工艺之一，不同的裁剪方法为废旧衣物的面料再造提供了制作前提。

裁剪的方法需根据创作表现的对象和画面中的层级关系来选择。根据表现对象的不同造型，裁剪工艺可以单独或与其他工艺结合使用。如在画面中表现人或动物形象时，先将其形象概括为简单图形，以线框形式绘制于面料之上，再按线框将其裁剪为概括性的布片（如图 3–1），这种按照表现对象的实际形象进行概括、描绘、裁剪的方式同样适用于文字和其他类型图案的表达。在表现具象图案时，需按照图案具体形态进行剪裁（如图 3–2）。

图3-1　鸽子

图3-2　华表

在表现较为复杂的对象时，可采用“裁剪+”的方式，就是将裁剪结合其他的工艺技法进行创作。如裁剪加刺绣，首先根据荷叶形象裁剪出底布，再通过刺绣工艺表现荷叶经脉纹理，从而刻画出叶片的形象（如图3–3）；如裁剪加手绘，首先将面料裁剪出山体的不同形态，排列组合粘贴后，再结合手绘表现山间云雾缭绕的景象，虚实结合，张弛有度（如图3–4）。

图3–3　荷叶

图3–4　山体

二 抽丝

抽丝又叫经纬分离，这种独特的面料再造技法源于旧衣物面料的经、纬纱线结构。首先选取不同颜色的废旧衣物面料，将边缘进行裁剪以便抽丝，再沿裁剪后的边缘将经纬分离（如图 3–5），最后进行统一的归类。这时，通过抽丝技法将旧衣物织物分为一根根经线（如图 3–6）和连接在面料上的一根根纬线（如图 3–7）。

为了实现废旧衣物资源“零抛弃”，将拆解下来的经或纬纱保留备用，作为布艺装饰画的创作元素。可利用经或纬纱制作画面中的花丛、灌木等植被景观。将颜色相同的经（或纬）纱归为一捆，并在中间位置进行

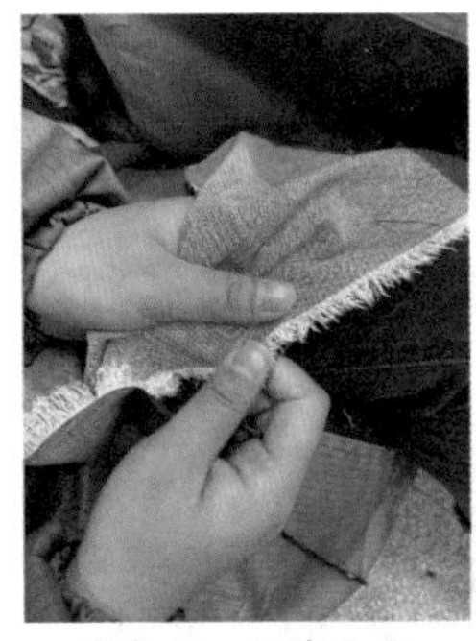
图3-5　经纬分离

图3-6　抽丝后的经线

图3-7　抽丝后的纬线

缠绕得以固定，然后对齐一头进行平整的裁剪，裁剪位靠近缠绕的线圈，最后将线圈另一端对线头的长度进行修剪（如图 3-8）。利用经（纬）纱制成的毛球，在画面中，可单独使用，亦可做多个单体的叠加（如图 3-9），视觉效果丰富，层次感强。

牛仔面料上的纬（或经）纱，根据面料的宽窄选取适宜的宽度修剪（如图 3-10），修剪后的布条进行卷曲（如图 3-11），顶部的线穗进行长度的修剪（如图 3-12），在拼布创作中可制作成树木的叶片或花朵等（如图 3-13）。经纬纱的利用，打破了拼布作品的平面化，实现了从二维向三维立体拼布的转化，有着独特的艺术效果。

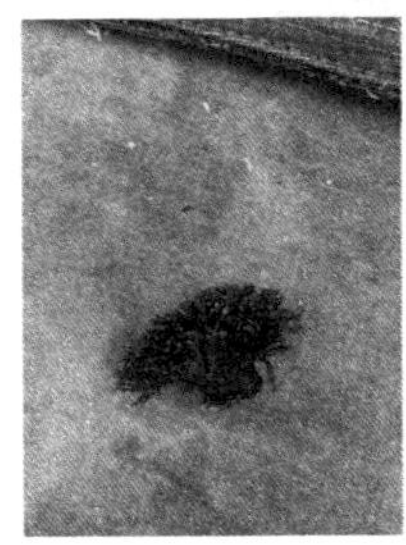
图3-8　经线捆绑修剪后

图3-9　经线的应用

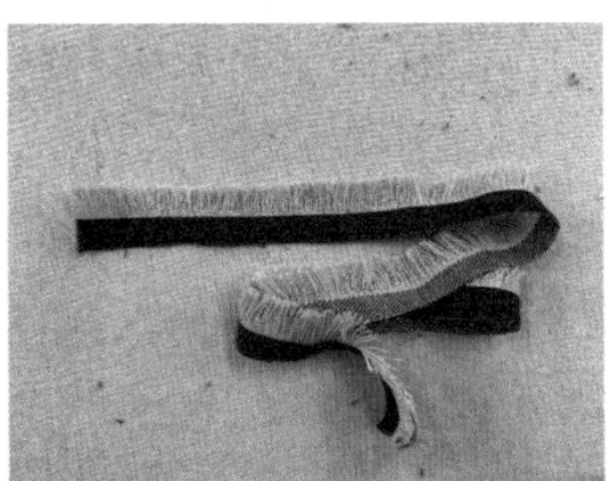
图3-10　纬线裁剪

图3-11　卷曲纬线

图3-12　纬线卷曲后的成品

图3-13　纬线的应用

此外，通过抽丝技法经纬分离出的经纬纱线，还可以结合其他制作工艺用于画面的细节。如图 3–14 所示，将纱线均匀粘贴在纸板上，再通过修剪，可以模拟游船在行驶中激起的浪花；如图 3–15 所示，根据纱线柔软特性，将其修剪整齐模拟游船上的帘幔；如图 3–16、图 3–17 所示，将纱线运用在太阳周围、窗户上方等不同的部位产生不同的视觉效果。

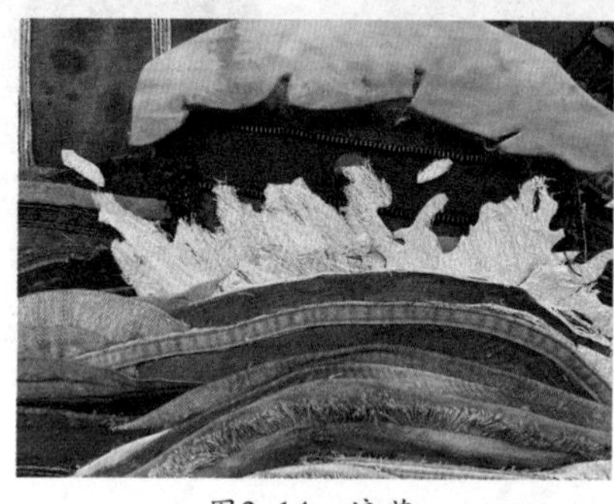

图3–14　浪花

图3–15　帘幔

图3–16　太阳光线

图3–17　帘头

三 栽绒

栽绒，是选取不同颜色的衣物面料，通过分离出来的绒线或者毛边将其细细地剪成毫米长短的一段，并进行分类放置。此时需要注意的是，在栽绒时需根据表现物体的形态结构与色彩层次，区分绒的密度和颜色的变化，避免同质化。通过栽绒得到的材料还需要通过粘绒应用于作品创作之中。

粘绒的手法多用于作品中的植被、云朵等。首先在牛皮纸上将祥云轮廓勾勒出来，再根据层次与结构，分块涂满胶水，最后选取需要的绒线，仔细地铺设于画面需要的部位（如图 3–18、图 3–19）。此外，粘绒还可以运用在山体当中，柔化硬质景观，丰富局部画面（如图 3–20）。

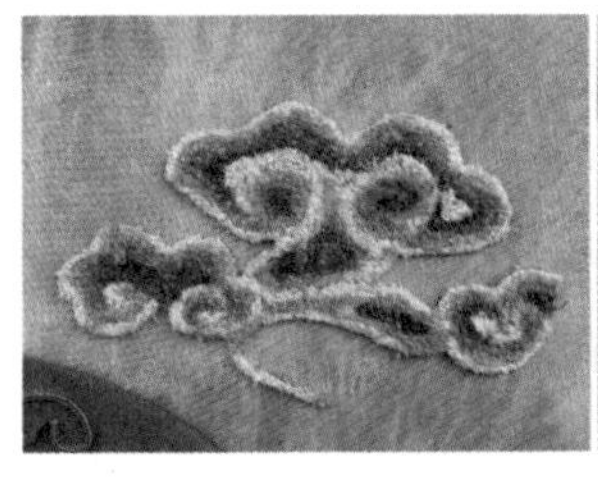
图3-18 运用栽绒技法制作的祥云

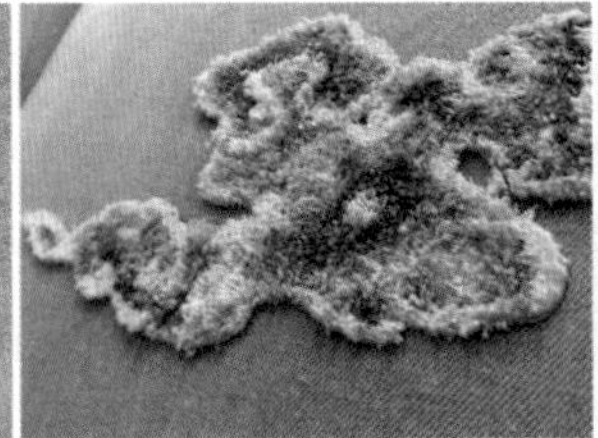
图3-19 祥云侧面

图3-20 柔化山体形象

第二节 结构性再造

一 编织

编织工艺，是指利用长条状织物材料或非织物材料按照经纬纱相互交替的组织规律编织成面的技术，编织工艺能够丰富画面，增强触觉和视觉感受。编织工艺具有很强的可操作性，方法相同，不同的编织工具、编织材料使其面料表面呈现出不同的肌理效果，如图 3-21 所示，采用棉线与牛仔面料横向编织与图 3-22 所示的废旧牛仔面料同料的斜向编织所呈现的视觉效果截然不同，同时编织工艺能够增强整体画面的艺术性与细节的多变性。

图3-21 横向编织

图3-22 45°斜向编织

二 排列

排列，是指按照一定的规律依次进行摆放的工艺手法。排列是废旧衣物拼布作品当中运用次数较多且种类最为多样的技法之一，通过不同种类的排列方法，可以构成形态各异的主体形象。排列方式由单一到复杂，从有规律到无规律，依据刻画不同的主体形象，选择不同类型的排列组合方式。

简单排列，如将制作好的立体方块进行规则排列，并进行多层不规则叠加，刻画出了徽州传统建筑中鹊尾式马头墙的立瓦脊（如图 3–23）；将裤襻按人字形进行扭曲后纵向排列，模拟具有地方传统特色的瓦片式屋顶（如图 3–24）。

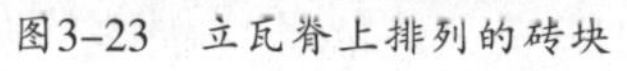

图3–23　立瓦脊上排列的砖块

图3–24　屋顶上的瓦片

复杂排列，如图 3–25 所示，刻画莲花形象时，一片花瓣为一个单位，每个单位由若干大小不一的布条排列组合而成，组合后的花瓣又通过上环形和下环形的排列方式组合而成，最终刻画出栩栩如生的莲花造型。

图3–25　排列组合成莲花形象

三 垫衬填充

垫衬填充也是废旧衣物拼布制作重要的技法之一，是将作品由二维向三维立体效果转变的关键。垫衬填充，是使用硬纸板、泡沫板等具有一定厚度的材料作为垫衬填充物(质量轻、易塑型材质最佳)，便于创作时区分主次、远近等画面关系。这种工艺技法可以加强对拼布作品中主体物的刻画，达到强调视觉中心的作用。如图 3-26，根据画面中远景、近景的层次关系，为最近的层次，它是画面中最近的建筑也是层次中最高的；B 为 A 景马头墙后的两座相连的房子；C 处于 D 与 B 之间，丰富了画面的层次感与秩序感；D 层为处于画面中间位置的马头墙，D 部分通过垫衬填充在层次上明显高于 E、F 层，同时通过颜色的区分使得画面主体突出，建筑体量感增强、焦点集中；E、F 两层为画面的背景部分，虽然为画面中的远景，但通过较薄的材料垫衬填充依旧展现出了它们的层次感。整体画面层次丰富，井然有序。

图3-26 垫衬填充依据的层次关系

四 铁丝定型

在废旧衣物拼布作品的创作实践中，平面的拼接易单调、乏味。为了刻画物体的生动形象，通常会利用一些特殊工艺，如图 3-27 所示，运用铁丝定型的方式塑造荷叶形象。首先将铁丝穿入缝合后的叶片当中，固定在靠近叶片中心周围一圈，再将小口缝合，穿入铁丝的单个成片，可以运用铁丝的可弯曲性来塑造、调整荷叶的形象，刻画生动、茁壮的植物形态。

图3-27 铁丝定型后的荷叶形态

五 拼贴

拼贴是在废旧衣物拼布作品创作使用范围最广的一种面料再造的工艺技法之一，运用不同颜色、不同质地的面料进行拼贴也是创作过程中极为关键的一步，通过不同的组合方式，来增加画面质感、远近、疏密、大小及层次的对比等。

画面创作时，首先用铅笔绘制草图，根据构图分析出需要拼贴的位置和各部分之间的透视关系，再根据层次关系进行编号，然后裁剪所需要布片，将各部分组合后拼贴于画面之上。层次关系是拼贴技法的关键，通过颜色对比与交叉关系刻画出具体的画面形象。

如图 3–28 所示，通过简单的拼贴将不同的砖块组合，可以模拟广场的地面铺装；如图 3–29 所示 ，对桥梁经过透视关系分析后，用颜色的层次关系来刻画桥梁的栏杆；如图 3–30 所示，创作时，还可以通过拼贴模拟建筑上的纹样达到仿真的效果。

图3–28　砖块拼贴

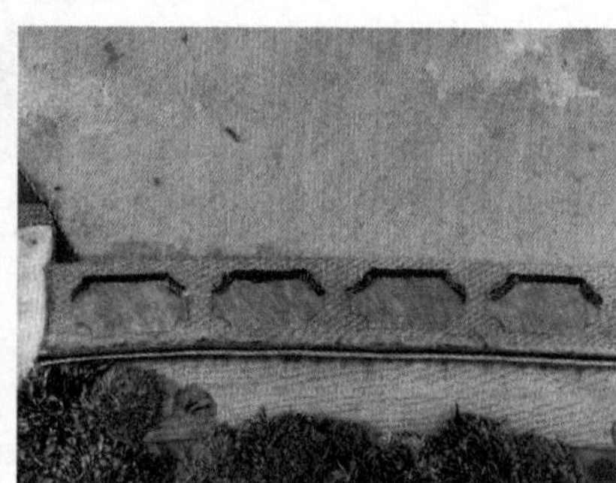
图3–29　栏杆

图3–30　建筑纹样

第三节　装饰性再造

一 刺绣

在废旧衣物拼布作品创作实践中，通过面料拼合等再造手法只能对画面整体和局部进行诠释。为了提升作品的细节形象，我们可以结合刺绣工艺手法(如图 3–31)。在创作过程中将刺绣工艺用于刻画画面的细节纹样和图案,达到生动写实的效果。刺绣分为机绣和手绣,机绣运用于较为规则的直线或曲线线迹图案的绘制(如图 3–32),而手绣更适合不规则纹样的处理(如图 3–33)。这种传统与现代工艺相结合,给人以强烈的视觉体验。

图3–31 刺绣

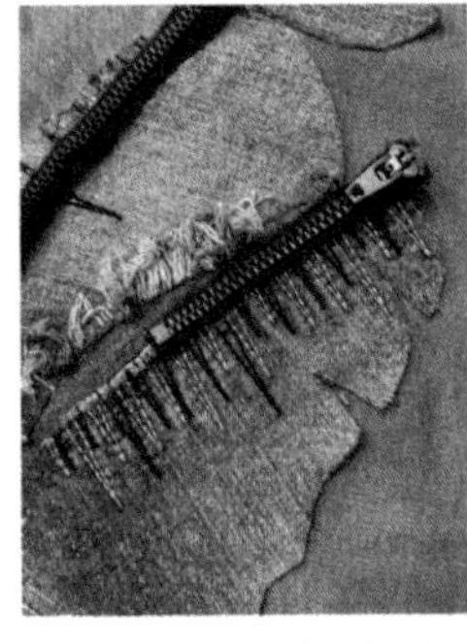
图3–32 机绣

图3–33 手绣

二 手绘

手绘,即利用纺织品、丙烯等颜料手工绘制图案的技术手法,主要运用于云朵、水面以及无法用拼接手法实现的细节刻画。如在景观主体的作品中运用白色丙烯颜料描绘瀑布的细节,不仅体现出瀑布湍流的生动形象,还与周围的山体自然衔接,丰富了画面的层次感(如图 3–34)。还可运用蓝色、黑色等丙烯颜料刻画河面的纹理,通过色彩变化拉开河床两岸的空间结构(如图 3–35)。在表现人物时,面部等细节也可以借助手绘等技法来实现。

图3–34 瀑布

图3–35 河流

第四节　破坏性再造

废旧衣物拼布作品创作时，有时需要一些磨白、破洞等肌理效果来表达虚实、层次或破败感，但并不是所有的面料都有这种特殊工艺的痕迹，所以我们可以运用人为的“破坏”来实现这一设计需求。

一 磨白

磨白效果可以展现建筑的陈旧感，在作品创作时可模拟斑驳的墙面（如图3-36）。牛仔面料的磨白可以分为局部磨白和细节磨白，局部面料磨白可用混合水和漂白剂制成的液体喷于需要磨白的位置，待干后，一边冲洗一边利用刷子在喷处摩擦。细节磨白需要利用接触面较小的钝器进行反复摩擦，这样可以达到局部磨白的效果。

图3-36　磨白效果表现的斑驳墙面

通过钝器磨白处会有绒毛出现，这一质感可以诠释古建筑历史沧桑的痕迹。也可采用砂纸在面料上进行打磨，达到面料产生轻微绒毛的效果。

二 破洞

破洞一般出现于衣物的裤口、袋口、脚口等处。破洞效果既可以刻画细部，又可以丰富画面整体（如图3-37）。如在整块墙体上利用自然的破洞刻画一扇窗户，即不繁复又不需要层叠，适用于远景的房屋（如图3-38）。

根据画面的需要，这种效果可采用锯齿条等锋利的工具对面料进行横向或纵向的破坏，产生破洞的效果。

图3-37 破洞

图3-38 破洞刻画出的窗户框

三 拉丝

在废旧衣物拼布作品中，有时整体的画面或局部的细节需要一些破型来打破规律感和秩序感，这时可用拉丝手法来实现。拉丝可采用尖锐的工具对面料进行刮擦，使面料经纬线断裂，断裂的线不再顺着横纵方向整齐地排列，这时断裂的经纬纱线在画面中就可以起到了破型的效果（如图3-39、图 3-40）。

图3-39 拉丝

图3-40 拉丝

第四章 废旧牛仔拼布创作原理及方法

第一节 废旧牛仔拼布创作原理

废旧衣物品类繁多，材料丰富，为了研究的系统性和可操作性，结合笔者多年废旧牛仔衣物拼布创作实际，以点带面，向大家介绍其原理和方法。

以废旧牛仔衣物为媒材的拼布艺术创作，从其部件、材料及肌理等方面入手，运用解构与重构的设计手法，结合美学原理，将现代设计中的借用比喻法、突出特征法、以小见大法应用于现代拼布创作实践，实现拼布作品由二维向三维空间的转换，巧妙地完成由“服”至“画”的转变，增强作品的直观体验性和互动性。

一 废旧牛仔衣物的特性

牛仔布质地坚韧、耐磨，选用废旧牛仔衣物作为拼布作品的主创作材料之一，不只是因为其极佳的使用性能，更因为其独特的设计语言与丰富的视觉肌理。牛仔衣物具有多变的款式和多样的设计元素，如明缉线、塔克、铆钉、钉珠、拉链及各类装饰物等，经过人们穿着后长期洗涤和磨损产生的陈旧与破败以及褪色产生的丰富的渐变效果，为拼布作品的创作带来无限的可能，能够充分体现废旧牛仔衣物“二次设计”的审美价值和经济价值。

二 废旧牛仔布料在装饰画设计中的运用

材料是拼布艺术创作重要的元素之一，不同材质的选择会创造出别样的空间体验。运用废旧牛仔布料进行拼布艺术创作，能充分利用牛仔布料独特的材料语言，向欣赏者传达其承载与寄托的人文精神，带给人们另类的视觉享受与情感体验。

第二节 废旧牛仔衣物拼布创作方法

一 面料、辅料部件的运用

1.贴袋的运用

贴袋是位于牛仔裤装后片上的两个对称口袋，贴袋具有很强的功能性和装饰性，是牛仔裤装中不可或缺的部位之一。倒置的贴袋不仅具有坚硬的外形特点，描边的明缉线还具有丰富画面的作用。在拼布创作中利用贴袋的外形表现坚硬的山体形态（如图 4–1），或者画面中远景的房屋（如图 4–2），还可以根据尺寸大小作为中国传统建筑中的檐头板瓦“滴水”的造型（如图 4–3）。

2.拉链的运用

图4–1 山体

图4–2 房屋

图4–3 滴水

拉链一般位于牛仔衣物的门襟或裤裆位置，有不同的材质和尺寸。在牛仔拼布创作中主要用于刻画建筑结构及装饰部件等，拉链与面料材质的对比，形成视觉冲击，丰富画面效果。在拼布作品实践过程中，拉链一般被解构成拉头、双排、单排甚至单个拉链齿等部件。单排拉链层层堆叠可以模拟屋檐瓦片的造型，构成的局部画面既立体又坚固（如图4–4），或作为设计元素运用不同排列组合方式构成建筑中的纹样（如图 4–

5)；也可以作为窗户的边框，强调窗户的结构特征(如图 4–6)；带有拉头的拉链还可以作为建筑中的结构构件，用来表现、强调建筑物结构(如图 4–7)；整条拉链还可以用于阔叶植物的叶脉，生动、巧妙地刻画枝叶的形象(如图 4–8)。

图4–4 屋檐瓦片

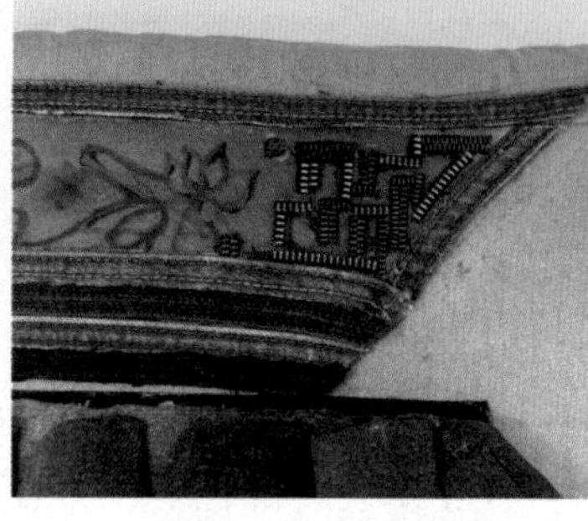
图4–5 建筑纹样

图4–6 窗户

图4–7 屋檐

图4–8 植物枝叶

3.明缉线的运用

明缉线是牛仔服饰重要的特征元素之一，主要用于衣片之间的缝合或装饰。将明缉线最大限度地应用于拼布创作实践，保留其原有的特征和肌理。一般单个运用或者多个组合运用，如明缉线可以用以制作桥梁的主干，加强画面中桥梁的结构和肌理感(如图 4–9)；将明缉线裁剪成 2~3cm 小段，用于模拟石桥的砖块等(如图 4–10)；较长的明缉线可以按照不同排列组合方式用于表现建筑物中的屋顶或屋檐等，达到仿真的视觉效果，丰富画面语言(如图 4–11 至图 4–13)。

图4-9 桥梁的结构

图4-10 石桥的砖块

图4-11 屋顶

图4-12 屋顶

图4-13 屋檐

4.腰头的运用

腰头是牛仔裤重要的部件之一，因款式多种多样，颜色和尺寸均有所不同。在拼布创作实践中多用于表现建筑物的结构造型。将不同深浅的腰头裁剪成长短不一的方形表现古建筑陈旧的砖块，按照有规律的组合方式拼接成墙面，腰头的纹理与色彩使整体墙面在对比中和谐自然，宛如古建筑中历经风雨斑驳的墙面（如图 4-14），顿生历史的沧桑感。徽派建筑中抽象的马头墙可以利用带有裤襻的腰头来表现（如图 4-15）；较大尺寸的作品中，可利用腰头的色彩与水洗纹样的变化呈现屋檐的造型等（如图 4-16）。

图4-14 斑驳的墙面

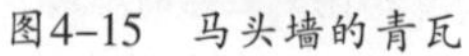
图4-15　马头墙的青瓦

图4-16　屋檐

5.铆钉的运用

铆钉具有区别于牛仔面料的金属质感，颜色多为白色、哑银、黄色等。在牛仔拼布作品创作实践中多用于门窗、凉亭、屋檐等细节部位的刻画，可增强画面的精致感和仿真感。根据画面的需要放置在适合的位置，如在塑造八字门楼中用铆钉排列组合作为花脊，增强屋檐的体量感（如图 4–17）；如放置在凉亭的顶端作为塔尖（如图 4–18）或放置在牌坊中作为小型的石雕等（如图 4–19）；还可以应用于表现抽象类拼布作品，作为破型的元素而存在，加强对比，丰富视觉语言等（如图 4–20）。

图4–17　花脊

图4–18 塔尖

图4–19　牌坊中的小型石雕

图4–20　楼房

6.襻带的运用

襻带与具有明缉线的服装部件相似，有一定的装饰作用。襻带的两端各有一条横向的定位线,边缘有着特殊的磨白工艺痕迹。襻带的使用方式较为多变,可根据画面的实际需要选择不同的排列组合方式。如将襻带横向单个排列,表现马鞍墙中假砖垛板上放的垫石(如图 4–21);将襻带横向单个排列、竖向参差排列,可以表现园林中的桥梁(如图 4–22);将襻带上下错开排列,可以表现苏州园林中亭子底侧的砖块(如图4–23);将襻带围绕房子的轮廓排列,可以表现房屋侧面的瓦片或屋脊等(如图 4–24)。

图4–21 垫石

图4–22 桥面

图4–23 砖块

图4–24 房瓦

7.褶皱的运用

牛仔衣物的褶皱是由面料的衣裥、衣褶或牛仔布处理后形成的皱褶形态。常用于表现拼布作品中水面的波浪或涟漪,增强画面视觉效果,使画面更加生动、活泼(如图 4–25)。

图4–25 波纹

二 装饰类部件的运用

在拼布作品创作过程中，为了实现废旧牛仔衣物资源利用最大化，要充分挖掘废旧牛仔衣物的艺术价值和经济价值，将牛仔衣物中特有的装饰部件充分运用于作品创作之中。如烫石（如图 4–26）、钉珠（如图 4–27）、爪扣（如图 4–28）、皮标（如图 4–29）等，使其自然融入画面成为重要的组成部分。废旧衣物中装饰元素自带的历史和陈旧感，与历史或古建题材的画面自然融为一体，焕发废旧牛仔衣物新的魅力。

图4–26　烫石

图4–27　钉珠

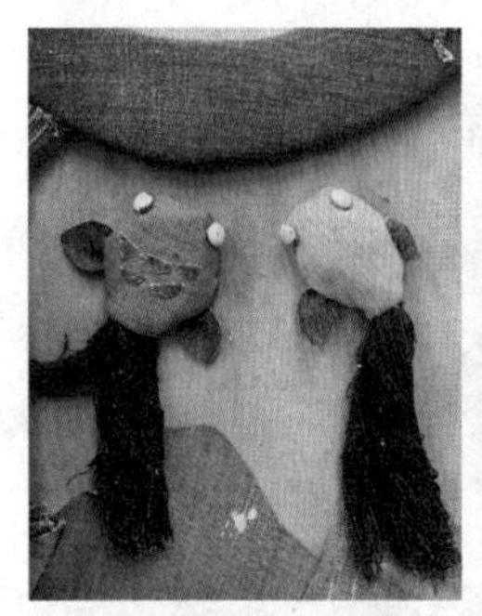

图4–28　爪扣

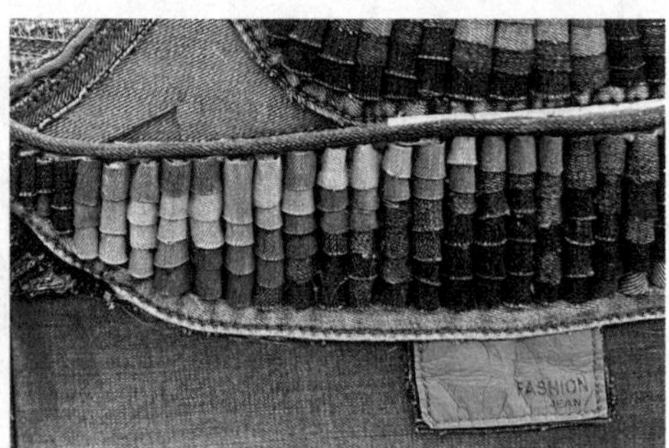

图4–29　皮标

第五章 废旧衣物拼布作品设计实践

第一节 《盎然》拼布抱枕设计实践

一 作品基本信息

1.尺寸

40.5cm×40.5cm。

2.用途

枕靠、装饰。

3.所需基本材料

废旧衣物、缝纫机、剪刀、填充棉等。

二 作品分析

作品为一方形靠枕(如图 5-1)。作为拼布入门作品,形式较为简单,重点在于处理好废旧衣物面料、图案纹样与整体之间的搭配关系。

图 5-1

三 操作步骤

1.材料准备

·9~10 件(块)图案不同的废旧衣物或废旧布头,一件为纯色,其他为各式图案纹样；

·同类色缝纫线若干；

·平缝机 1 台；

·剪刀 1 把；

·手缝针 1 根；

·水消笔 1 支；

·填充棉 0.5 kg 左右；

·珠针若干；

·拆线器 1 个。

·针锥

2.挑选、拆解布料

挑选 9 件（块）花色各异且搭配适宜、美观的废旧衣物或碎布头。先将废旧衣物或碎布头拆解预处理，再将预处理面料裁剪为边长为 15.5cm 的正方形布片（如图 5–2），背面所用布块裁剪为边长为 42.5cm 的正方形布块，材料不够可拼接（如图 5–3），亦可完全使用九宫格拼布，但注意缝合处的两片需各留出 1cm 缝份。

图 5–2

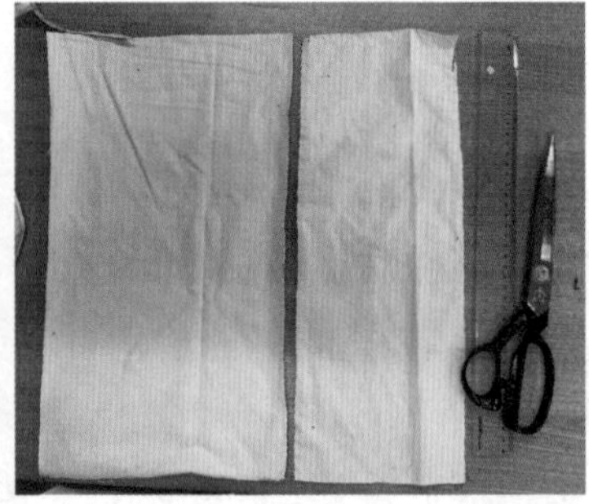

图 5–3

3.制作步骤

（1）裁片放缝

首先将边长为 15.5cm 的正方形布块各边用水消笔画出 1cm 缝份线（手工熟练人员不需要此操作，预留即可），将已绘制缝份线的布块按照一定规律排列成九宫格形式。

（2）裁片缝合

将放缝后的布块按照九宫格方式排列缝合。缝合后的大正方形边长为 42.5cm，再将缝合后的大正方形正面向下、背面向上放置于平整的桌面上，然后将小正方形布块间的缝份分缝烫平（如图 5-4、图 5-5）。

图 5-4

图 5-5

用水消笔沿缝合线向两侧 0.5cm 处绘制两条缝纫线，用缝纫机车缝，注意布面缝合处的平整和美观（如图 5-6、图 5-7）。

图 5-6

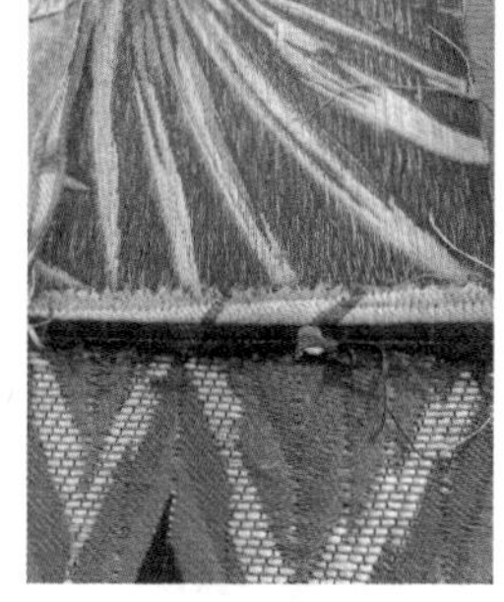
图 5-7

再将正反两块正方形布片正面相对，边缘对齐，选择一边的中间位置绘制两条距离为 12cm 左右的标记，其余沿净样线用珠针固定。

最后用缝纫机沿净样线缝合，开口两侧为了保持其牢固性，缝纫时注意打回针。

（3）翻面整理

此时向外的是布块的内里，缝合后从 12cm 的开口中翻出（如图5-8）。

再将翻正后的靠枕枕面四角利用针锥挑出，形成四角规整的正方形。

图 5-8

(4)填充缝合

先从开口处装入准备好的填充棉(如图 5-9),填充量根据靠枕饱满程度自行调整(如图 5-10)。然后在开口处沿缝份向内折叠、整烫,使用藏针法将 12cm 的开口缝合,最后整理填充棉位置,拼布抱枕即完成。

图 5-9

图 5-10

第二节 《花团锦簇》拼布杯垫设计实践

一 作品基本信息

1.尺寸

边长 5.5cm,直径 11cm。

2.用途

杯垫、碗垫、装饰等。

3.所需基本材料

废旧衣物、缝纫机、剪刀等。

二 作品分析

作品为正六边形杯垫(如图 5-11),实用性较强,为增强其美观性,要注意布块与布块之间的搭配组合关系。

图 5-11

三 操作步骤

1.材料准备

·7 件(块)图案不同的废旧衣物或碎布头;
·1 张小块牛皮纸;
·1 卷白色的缝纫线;
·1 台缝纫机;
·1 把裁剪刀;
·圆规、尺子各 1 把;
·水消笔 1 支;
·珠针若干;
·拆线器 1 个。
·针锥

2.挑选、拆解布料

挑选 7 件(块)花色各异的旧衣物或零头布,选择图案美观适宜的衣片进行拆解,衣片需直径大于为 3cm 的圆形。挑选花色时注意其美观性和可搭配性,尤其是图案之间疏密关系以及颜色之间的搭配关系,可遵循同类色或互补色搭配原理,增强其设计美感。

3.制作步骤

(1)制版

根据设计需要,预先制作一张正六边形纸板。在准备好的牛皮纸上绘制一条 11cm 的直线作为正边形直径(如图 5-12),并标记中心点位置(如图 5-13)。

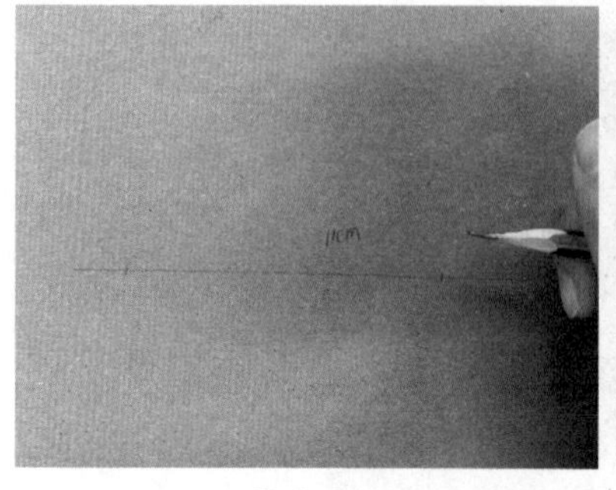

图 5-12

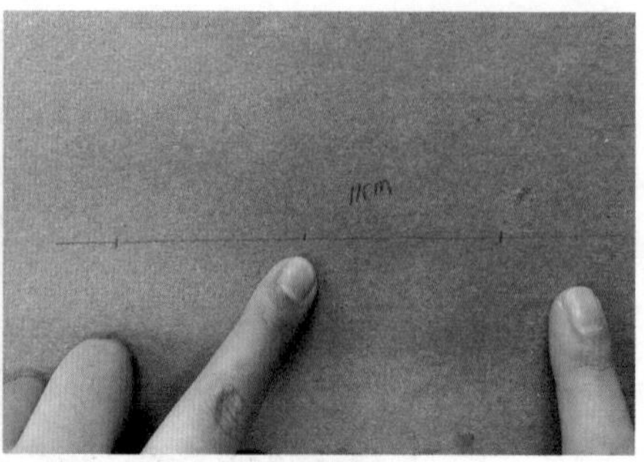

图 5-13

正六边形的制作还需借助圆规进行绘制。

将圆规两边对应直线中点与一侧(如图 5-14),以此作为半径绘制圆形(如图 5-15)。

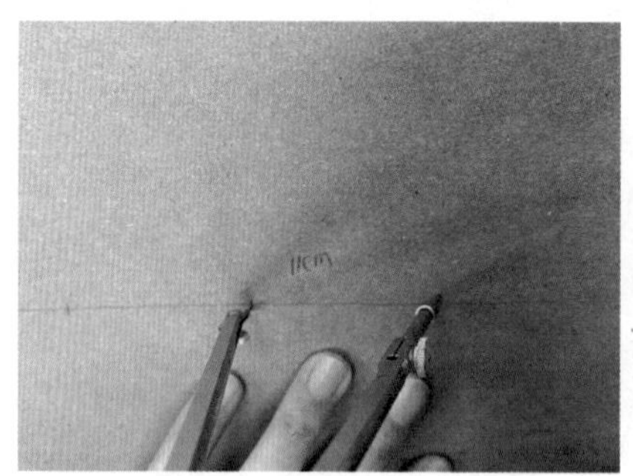

图 5-14

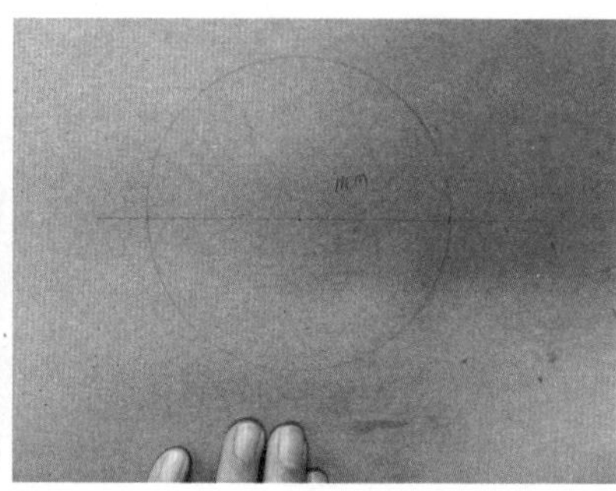

图 5-15

直径不变,将直线与圆的交点作为圆心绘制一个与整圆相交的圆弧(如图 5-16),再移动圆规,以圆弧与圆相交点作为圆心再次绘制一个与圆相交的圆弧(如图 5-17),重复以上步骤(如图 5-18)。

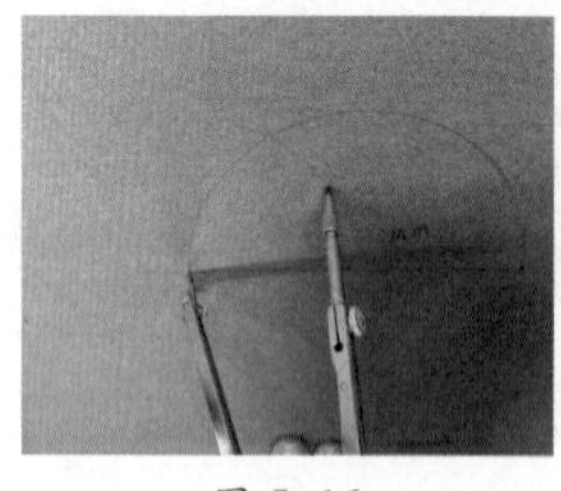
图 5-16

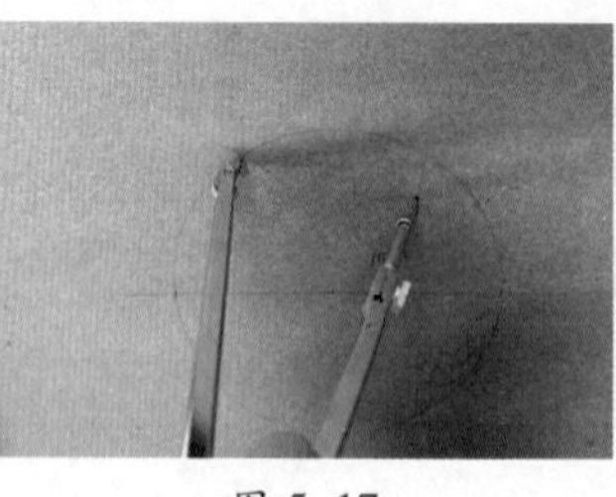
图 5-17

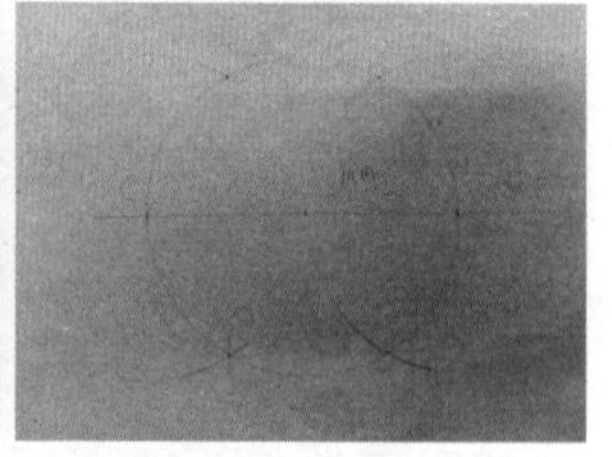
图 5-18

将以上步骤绘制的圆弧与整圆的相交点进行连线,完成正六边形绘制(如图 5-19),裁剪完成备用纸板。此时的纸板为净样板,还需准备放样的纸板。将净样板在新的牛皮纸上进行拓印,留出 1cm 的缝份,裁剪备用。

不同尺寸的六边形打版均遵循此规律:正六边形的边长等于它的外接圆的半径。

(2)裁片

将布块按纸样边缘进行绘制,并裁剪、烫平备用(如图 5-20)。

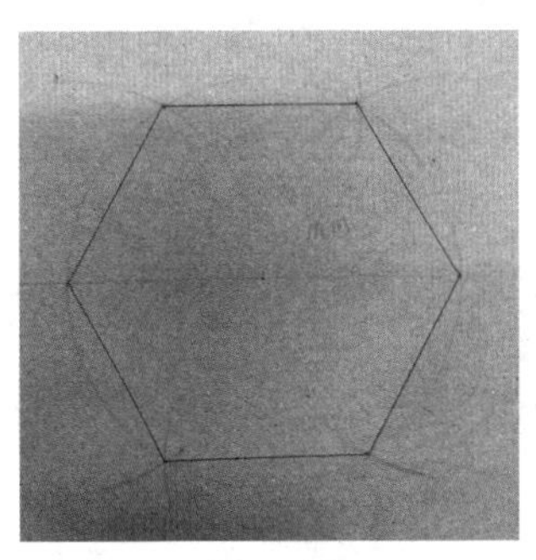

图 5-19

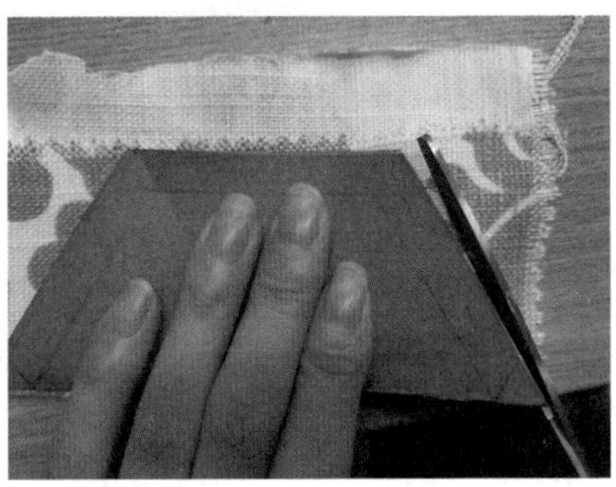

图 5-20

(3)拼片

将 6 块作为杯垫正面的布块,沿六边形任一对角线对折,形成一个等腰梯形,熨烫平整(如图 5-21)。

选择一个正六边形布块作为背面(如图 5-22),先将第一块等腰梯形的上边长与正六边形边长进行对齐(如图 5-23),再将第二块梯形的上边长与第二条边长对齐,此时第一块梯形形成一个 30°角的等边三角形(如图 5-24),重复以上步骤至第四块梯形,并使用珠针固定(如图 5-25)。第五块梯形沿边对齐,将其尾部藏入第一块底布下方,第六块梯形尾部藏入第一、二块梯形底布下方,使每块布均匀分布成正六边形。

拼片数量可按个人喜好而定,三片式拼布杯垫简洁美观(如图 5-26)。

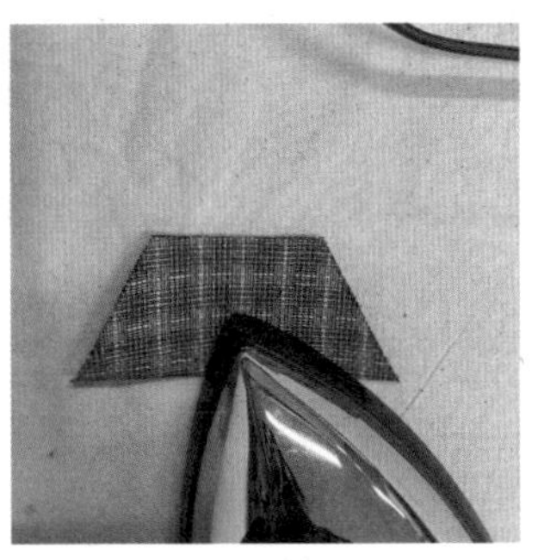

图 5-21

图 5-22

图 5-23

图 5-24

图 5-25

图 5-26

(4)缝合

用缝纫机沿净样线将拼布布面与底布缝合(如图 5-27),横向裁剪正六边形各角的缝份,保障正面的美观性(如图 5-28)。

图 5-27

图 5-28

(5)翻面整理

此时杯垫外面为内里,从重叠的六块正六边形中心将正面图案翻出(如图 5-29)。

使用针锥将未露出的六边形边角挑出(如图 5-30),调整后熨烫平整

（如图 5-31）。

为使杯垫更加平整和牢固，可沿杯垫边缘线向内车缝 0.7cm 的明线加固。

边长为 5.5cm 的正六边形杯垫完成。

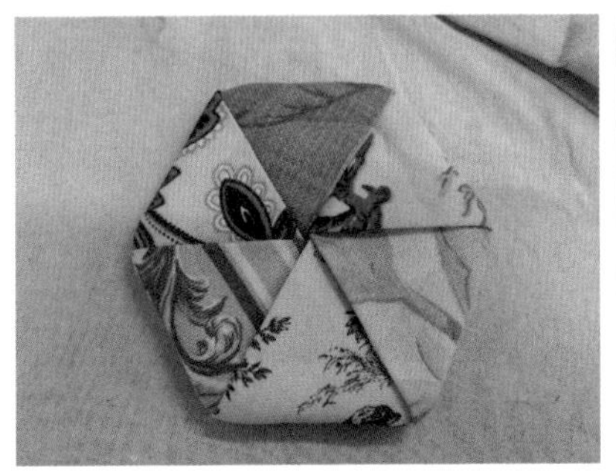
图 5-29

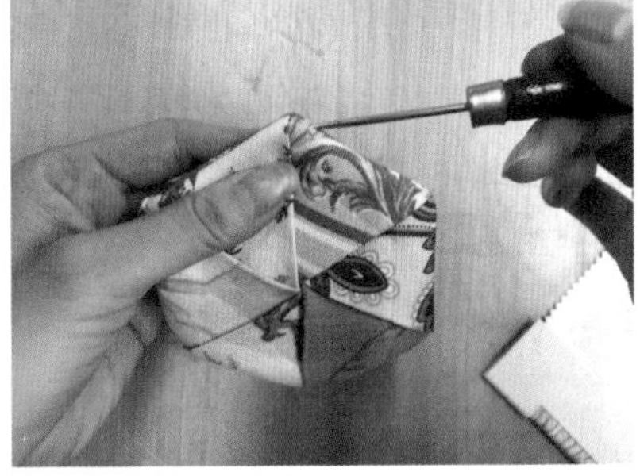
图 5-30

图 5-31

第三节 《手提拼布包》设计实践

一 作品基本信息

1.尺寸

38cm（最长）×28cm（最高）×10.5cm（最宽）。

2.用途

日常手提或收纳等。

3.所需基本材料

废旧衣物、缝纫机、剪刀、成品手提包手柄等。

二 作品分析

作品为一个 24 块正六边形和 4 块菱形布面拼合而成的手提包（如图 5-32），正反两面选择了不同色系，可两面背挎。

图 5-32

三 操作步骤

1.材料准备

·若干件两种色系的旧衣服或若干块碎布头；
·同色系缝纫面、底线若干；
·1 台缝纫机；
·1 把裁剪刀；
·1 张牛皮纸；
·1 根手缝针；
·1 支水消笔；
·1 块双面胶粘衬；
·1 块 200g 铺棉；
·珠针若干；
·1 个拆线器。
·针锥

2.挑选、拆解布料

先将挑选适合的衣物按色系进行分类，用拆线器拆解预处理，并裁剪成 28 片边长不小于 10cm 的正方形布块（如图 5-33、图 5-34）。

将同色系图案的废旧衣物（或碎布头）裁剪为 24 块 10cm 左右的正方形布块备用（如图 5-35）。

3.制作步骤

（1）制版

按照上一个教程《花团锦簇》拼布杯垫设计实践方法，绘制边长为 6cm 正六边形净样板，在净样板基础上放缝 1cm 绘制毛样板（如图 5-36）。

图 5-33

图 5-34

图 5-35

根据正六边形相邻两边的尺寸向内折叠，以折叠线为对称轴得到菱形，制作菱形净样板和毛样板（1cm 缝份）（如图 5-37）。

图 5-36

图 5-37

（2）裁片

根据毛样板裁剪所有布料（包括正六边形和菱形），并使用净样板绘制布料的净样（如图 5-38），裁剪双面粘衬（如图 5-39）、铺棉（包括正六边形和菱形）等。

该作品使用的是废旧的高密度珍珠棉作为铺棉，增强其厚度和平整度（如图 5-40）。

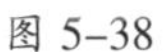
图 5-38

图 5-39

图 5-40

(3)组合

先按照面料背面、双面粘衬、辅棉的顺序将布片进行堆叠,粘衬与辅棉对齐面料的净样线(如图 5-41),并进行整烫。由于此处未使用辅棉,所以仅将面料放置于单面粘衬下方(如图 5-42),用熨斗进行整烫(如图 5-43),使粘衬与布块黏合(如图 5-44、图 5-45)。

图 5-41　图 5-42　图 5-43

图 5-44　图 5-45

再将组合后的布片放置于边长为 10cm 的正方形底布之上备用(如图 5-46、图 5-47)。

选择图形一边,在净样线上绘制距离为 4cm 左右的标记。

再从标记点开始沿图形边缘线进行缝合(如图 5-48),为了保持开口两侧的牢固性,缝纫时注意需要回针(如图 5-49)。

最后将缝合后的底布,沿面布边缘线进行修剪(如图 5-50),并横向裁剪组合布块各角的缝份,以保证正面的美观性。

图 5-46

图 5-47

图 5-48

图 5-49

图 5-50

(4)翻面整理

先将正面从里向外翻(如图 5-51),可借助镊子进行翻面、整理(如图 5-52)。

图 5-51

图 5-52

再将提前备好的垫衬按中线折叠(如图 5-53),从开口塞入内里(如图 5-54),并整理其位置。(若使用辅棉垫衬可省略这一步骤)

然后将垫衬位置整理平整后,用手缝针通过藏针缝将开口进行缝合(如图 5-55)。

图 5–53

图 5–54

图 5–55

再使用针锥将未露出的六边形边角挑出（如图 5–56），使其更加整洁、美观(如图 5–57)。

重复以上步骤将 24 块六边形布块与 4 块菱形布块制做完成，备用(如图5–58、图 5–59)。

图 5–56

图 5–57

图 5-58

图 5-59

(5)拼接缝合

将所有布块如图 5-60 所示进行摆放,注意布块与布块之间、图案与色彩之间的组合关系。

使用提前准备好的同类色棉线和手缝针,将布块依次缝合,缝合时注意沿布块侧缝缝合线缝合(如图 5-61),使包面看不到手缝线迹(如图 5-62)。

图 5-60

图 5-61

图 5-62

拼合效果如图 5-63 至图 5-65 所示。

图 5-63

图 5-64

图 5-65

(6)安装手柄

将手提拼布包上层中间的六边形边角穿过成品手柄中间空隙(如图 5-66),将边角与包里缝合固定(如图 5-67),手提拼布包完成,正反两面效果如图 5-68、图 5-69。

图 5-66

图 5-67

图 5-68

图 5-69

第四节 《醉翁亭》拼布作品设计实践

一 作品基本信息

1.尺寸

长 24cm、宽 20cm、高 3cm。

2.展示方式

悬挂或摆放式(如图 5-70),好装裱更佳。

3.所需基本材料

废旧牛仔衣物、油画框、泡沫板、针线、胶枪、胶棒等。

图 5-70

二 作品分析

作品以安徽地域特色建筑为对象，重点刻画与还原建筑的真实形象,紧密的砖瓦、精致的浮雕、歇山式建筑结构都是拼布制作中需要刻画的重点。该作品属于微型作品,具有好把握、好上手的优点,但由于其画幅较小,在制作过程中需首先把握建筑透视关系,适当对建筑细节进行简化归纳,细心制作方能完成。

三 操作步骤

1.材料准备

·一块洗缩水后横幅 35cm、长度 40cm 的水洗浅色牛仔底布;
·若干废旧牛仔衣物、废旧牛仔布块;
·小号深蓝色拉链两条;
·少许白乳胶;
·一张 A4 牛皮纸;
·一张同比例醉翁亭实景正视打印图;

·暗黄色纯棉手缝线一卷、适配的手缝针一根;
·金色的纺织纤维颜料 1 盒;
·1 号水粉画笔 1 支;
·裁布剪刀一把、裁纸剪刀一把、纱剪一把、拆线器一个;
·胶枪一把、胶棒若干;
·泡沫板一块;
·长宽分别为 20cm 与 30cm 的油画框一个;
·枪钉一把。

2.挑选、拆解布料

挑选较为完整的浅色牛仔衣物 1~2 件或浅色碎布头若干、深色牛仔衣物 1~2 件或深色碎布头若干、中间色蓝色牛仔衣物 1~2 件或碎布头若干。

先将挑选的废旧牛仔衣物、布块按颜色深浅排列,再将浅色牛仔裤裤面进行裁剪,裁剪形式可选择剪开侧缝得一整块牛仔布料,或以两条侧缝为边分别裁开得两块裤面,若有其他剩余的废旧大块牛仔布料,可优先使用。所有废旧布块刷胶、晾干备用。

3.制作步骤

(1)背景板制作

先将准备好的长 40cm、宽 30cm 左右的水洗纹理浅色牛仔底布熨烫平整,再将底布使用枪钉固定在的油画框上,布料表面平整,背面坚固,背景板即制作完成。

(2)起稿

根据设计构思,绘制设计草图,并按照 1:1 大小绘制在提前准备好的牛皮纸上,重点需将画面主体形态、结构及细节深度刻画。由于画面尺寸较小,注意细部特征,尤其是明暗层次关系的表达。

(3)铺设大色块

先根据画面中主体物结构及颜色特征分析出各个块面关系,选择色彩和肌理合适的衣片,按照刻画主体的外轮廓形状与各物体之间的层次关系进行底布色块的铺设。根据画面的块面关系,将牛皮纸上所绘制的主体物外轮廓分割并裁剪,以裁剪下来的牛皮纸片为“板”,用于各块面细节制作使用。再将相应纸板与面料对应,将纸板轮廓在布面上画出标记并裁剪下来,裁剪后的布块再放回对应的牛皮纸上。

(4)块面分层

以铺设后的大色块为基础,根据结构造型与色彩挑选合适的材料进行块面分层并粘贴于大色块上。部分块面可在制作细部时再进行分层。

(5)部件制作

先进行整体块面铺设,再对整体进行划分,分部制作。整件作品分为屋顶房檐、彩画柱、木柱、亭座围栏、浮雕门框、门梁牌匾等几个部分(如图 5–71)。

图 5–71

①屋顶房檐

首先制作房顶中间部分。根据设计图尺寸将深浅不同的裤面裁剪成为宽度相同的长条形(如图 5–72)并按明暗层次关系进行排列组合(如图 5–73)。

图 5–72

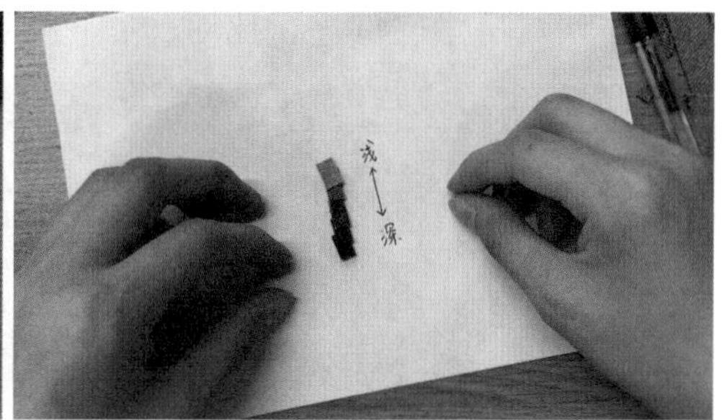

图 5–73

再用锥子将长方形布片卷曲(如图 5–74)并用胶枪固定(如图5–75),重复制作多个。

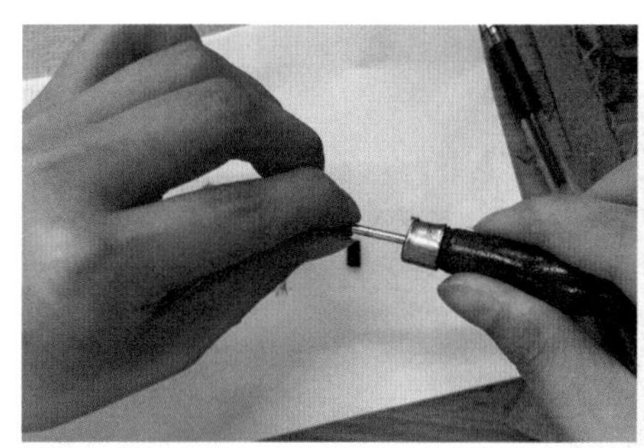

图 5–74

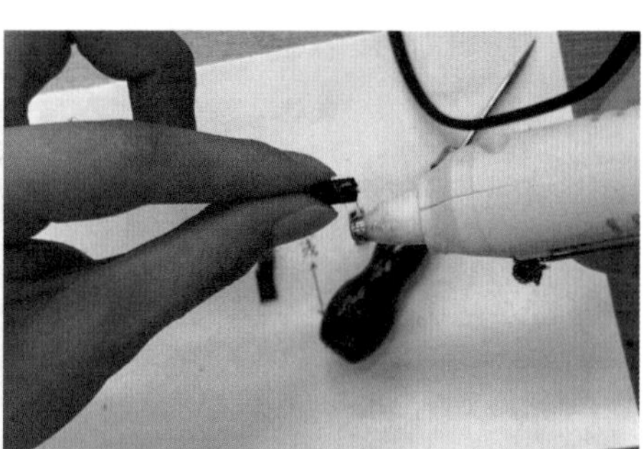

图 5 75

然后根据砖瓦的长度与厚度裁剪相应长度两倍的布条(如图 5–76),并折叠黏合(如图 5–77),重复制作多个。

图 5–76

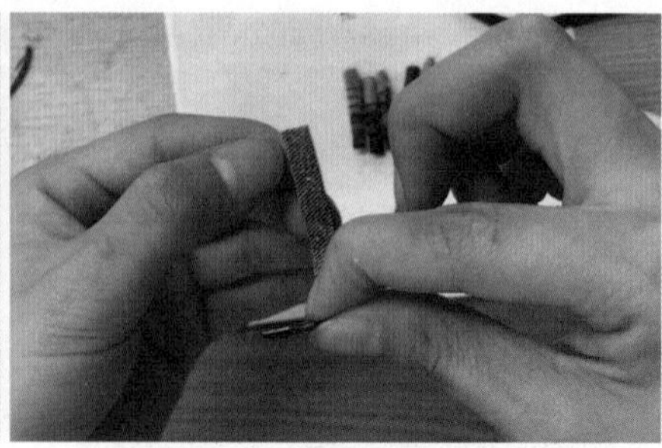

图 5–77

再将折叠黏合的布条与砖瓦组合依次粘贴(如图 5–78),粘贴时根据砖瓦的长度与厚度不断调整,使其整体造型整齐、有序。若砖瓦组合时缝隙较大,可根据实际情况调整布条的厚度(如图 5–79)。房檐下方的砖瓦,用黑色布块裁剪为 0.7cm 左右的小方块,裁剪两块,黏合。将黏合后的两层布块与房檐底部进行比对,判断是否吻合。

图 5–78

图 5–79

根据比对的情况进行修改和调整,用手指将其弯曲,形成瓦片的形态,并黏合(如图 5–80)。重复以上步骤制作多个瓦底(如图 5–81)。

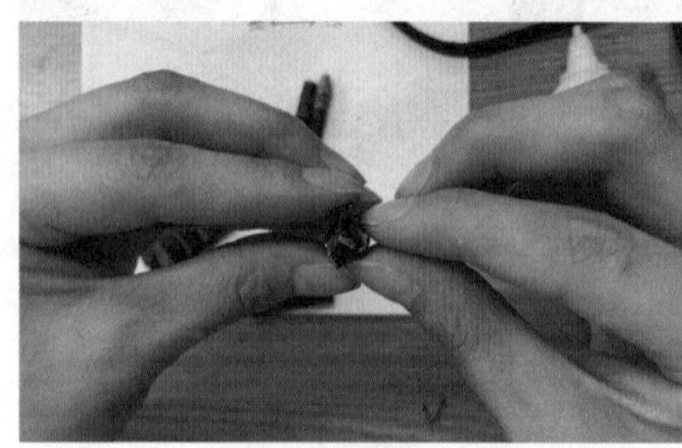

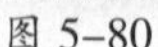
图 5–80

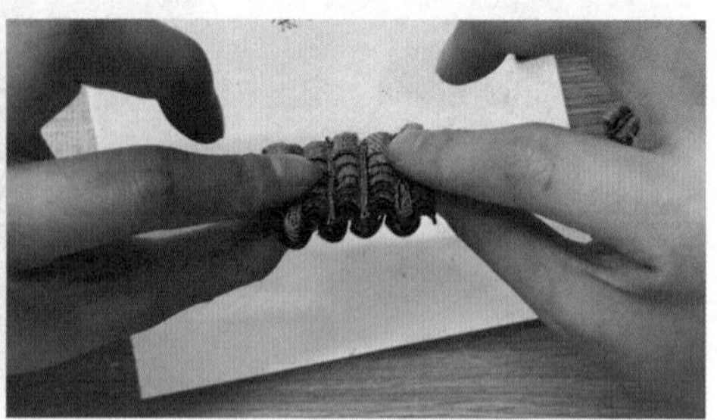

图 5–81

屋顶砖瓦部分制作完成后，与设计图比对，根据实际情况可再行调整（如图 5–82）。

取一条金属拉链齿黏合于色块底布屋顶处，裁剪多余部分。再裁剪一块与屋顶同宽的裤脚，黏合于金属拉链齿下方。

图 5–82

图 5–83

将制作好的屋顶砖瓦粘贴于色块底布的合适位置，取一根金属拉链齿作为衔接。

为实现立体效果，屋顶砖瓦下方需要衬垫，根据手边的材料可以选择不同的衬垫方式，根据屋顶砖瓦的立体效果决定衬垫物的高度与厚度，以及垫衬的位置等（如图 5–83）。

挑选两根较长的拉链，布带部分去除（如图 5–84），备用。

将房檐边缘短距离涂上热熔胶（如图 5–85），分次将备用的拉链与底布黏合。醉翁亭的特色房檐翘角部分，由于弯度较大，可采用镊子辅助黏合（如图 5–86）。

房檐翘角拉链黏合后效果（如图 5–87）。

再将拉链头进行解构，拆剪拉柄（如图 5–88），使其形成如图5–89 展示的样式，重复一次制作两个备用。

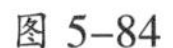

图 5–84

图 5–85

图 5-86

图 5-87

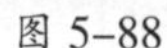

图 5-88

图 5-89

然后将备用的两个拉头分别黏合于屋顶两侧(如图 5-90),完成效果(如图 5-91)。

图 5-90

图 5-91

在屋顶砖瓦两侧裁剪与设计图尺寸、比例适中的裤脚,斜向将光边朝顶进行黏合,模拟醉翁亭设计图形态,与屋顶砖瓦衔接处进行补充黏合(如图 5-92)。

根据房檐的轮廓参照屋顶砖瓦的制作方法,完成房檐两侧的砖瓦部件制作(如图 5-93、图 5-94)。

将房檐边缘涂上热熔胶(如图 5-95),立即将房檐的组合砖瓦黏合于色块底布上(如图 5-96)。

图 5-92

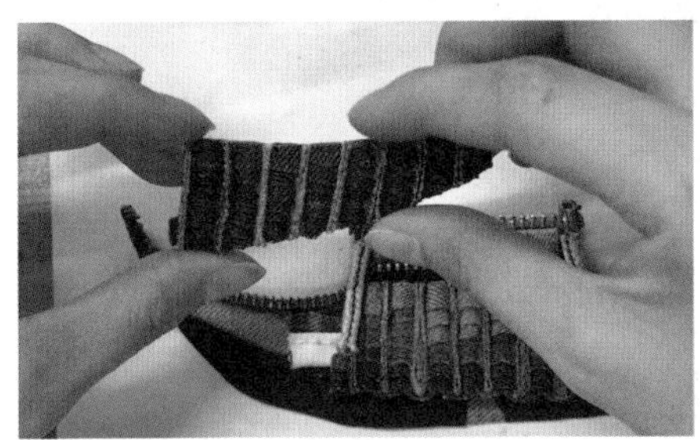

图 5-93

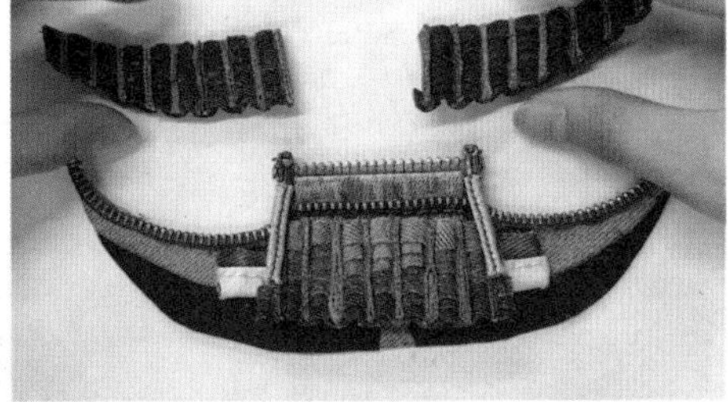

图 5-94

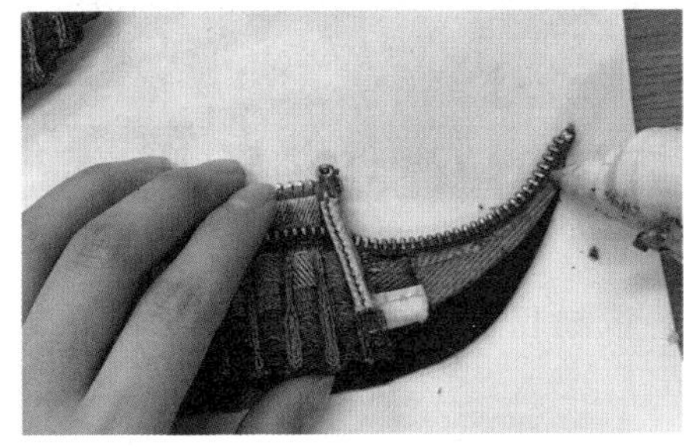

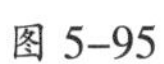

图 5-95

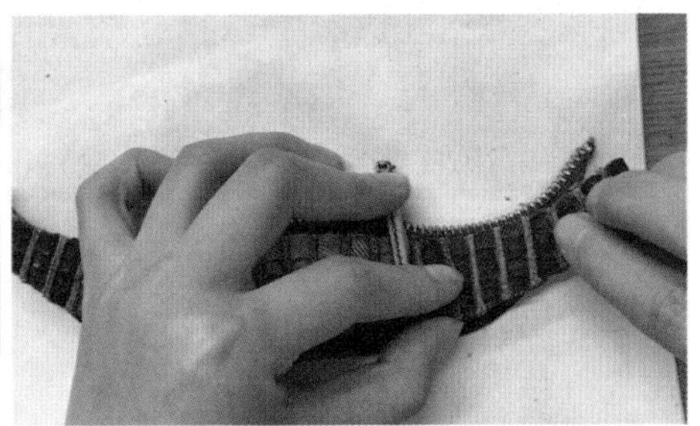

图 5-96

房檐翘角部分单独用热熔胶进行黏合（如图 5-97），按压时适当使用较大的力气使其弯曲至需要的造型（如图 5-98）。

图 5-97

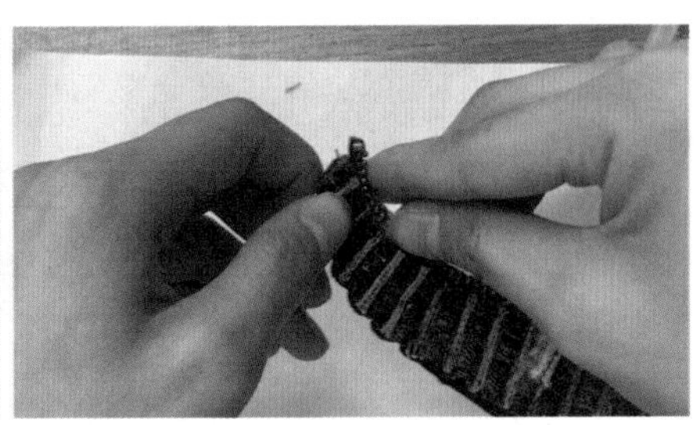

图 5-98

整理房檐与屋顶连接部分，使其黏合平整（如图 5-99），屋顶、房檐砖瓦组合后效果（如图 5-100）。

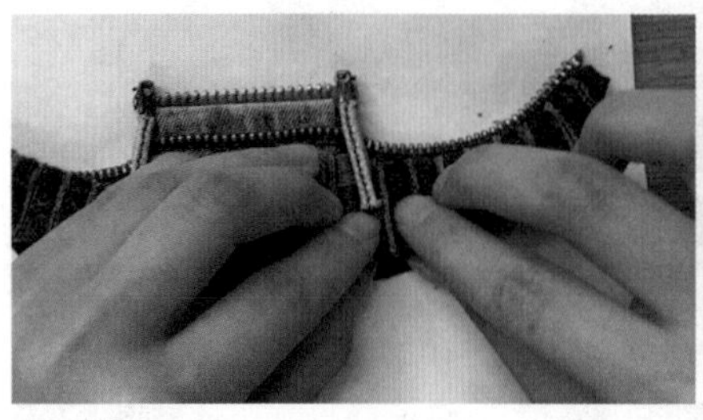
图 5-99

图 5-100

拆解两个拉链的拉链头，粘贴于如图 5-101 所示位置，模拟屋顶的兽形砖雕（如图 5-102）。

图 5-101

图 5-102

拿出提前准备好的塑料小号拉链，拆解拉齿与布带，沿房檐下边缘线进行粘贴，丰富房檐造型细节。

②亭座围栏

取出块面分层步骤中亭座部件（如图 5-103），根据尺寸裁剪成一段长、四段短的拉链齿（如图 5-104）。

图 5-103

图 5-104

将第一段较短的拉链齿斜向黏合在较长一段的一端（如图 5–105），使其展示为如图 5–106 的效果。

图 5–105

图 5–106

依次将较短的拉链齿等距黏合在较长的拉链齿上，完成单个亭座的围栏（如图 5–107），重复制作一次，完成对称的两边围栏（如图 5–108）。

图 5–107

图 5–108

将亭子两边的围栏与底座进行组装黏合（如图 5–109），并将亭座围栏与亭底黏合。

③浮雕门框

门框浮雕图案对于该作品而言过于精细，所以采用了刺绣的方式进行处理。

根据设计图测量门框的尺寸，裁剪合适的布块，按照设计图案纹样进行刺绣。门梁与门框刺绣效果如图 5–110。

图 5-109

图 5-110

④门梁牌匾

先制作门牌下方的拱形房梁，取出提前准备好的泡沫板，在泡沫板上按色块类型绘制拱形门梁的外轮廓，并修剪下来。

再取一块深色的牛仔布块，将修剪后的泡沫板粘贴于布块背面(如图 5-111)。

根据泡沫板外轮廓放量 0.5cm，并修剪多余的面料(如图 5-112)。

图 5-111

图 5-112

对泡沫板(除弧形位置)的放量转折位置打上剪口(如图 5-113、图5-114)，并均匀黏合圆顺。

将放量部分与泡沫板侧边进行黏合(如图 5-115)，修剪多余的量(如图 5-116)。

将弧形放量处均匀打上多个剪口(如图 5-117)，依次粘贴于泡沫板背面(如图 5-118)，使之贴合其弧形轮廓(如图 5-119)。

牌匾采用与设计图长宽一致的泡沫板，按照以上方法，制作牌匾底板。

取出准备好的金色颜料与勾线笔，根据实景牌匾中苏轼所提“醉翁亭”，模拟绘制于牌匾之上，也可两笔带过。

图 5-113

图 5-114

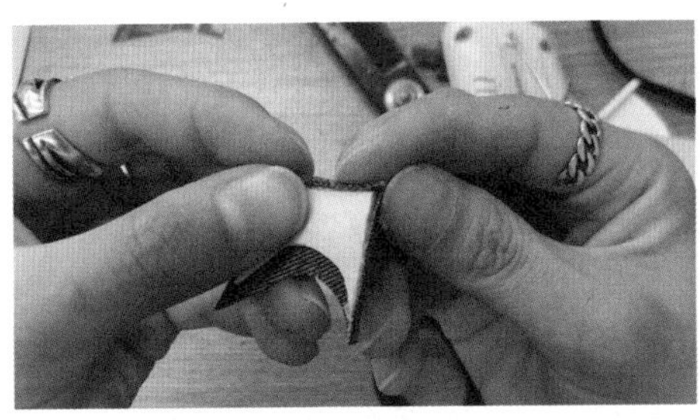
图 5-115

图 5-116

图 5-117

图 5-118

图 5-119

牌匾最终呈现时有倾斜角度，可采用废布块折叠，粘贴于牌匾背面（如图 5-120、图 5-121）备用。

图 5-120

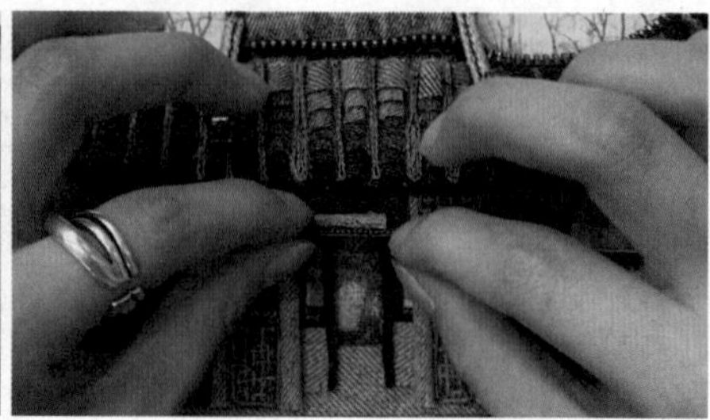

图 5-121

⑤木柱

根据木柱的透视和明暗关系选择合适的布料：较近的木柱选择浅色布料且立体感需塑造得更强，较远的木柱选择颜色较深、厚度更薄的面料。近处的柱子选择浅色较厚的面料，根据设计图柱子的高度作为木柱面料的长，宽为 1.5~2cm（根据实际需要确定尺寸）。将裁剪好的布条紧实地卷曲成一根宽度均匀的圆柱，作为前景的木柱，重复以上步骤，制作两根对称的木柱。两侧的木柱按以上方法制作。远处的木柱裁剪颜色合适的长布条即可。

木柱制作完成后与亭底、亭座围栏、房顶屋檐、拱形门梁组合粘贴（如图 5-122），调整好各细部位置（如图 5-123）。

图 5-122

图 5-123

最后将浮雕门框（如图 5-124）与牌匾（如图 5-125）用胶枪粘贴于相应位置。

图 5-124

图 5-125

⑥彩画柱

取出没有刷胶的深蓝色布片，采用面料再造中经纬分离法进行抽丝拆解。

将拆解下的经纬纱线 10~20 根为一组，按照单结—双结—三结—双结—单结依次紧密地打上绳结，剪去两头多余经纬线，重复以上步骤，制作 4 个彩画柱（如图 5-126），并粘贴于主体物的相应位置（如图 5-127）。

调整各个部件位置，完成作品。

图 5-126

图 5-127

第五节 《织梦·启航》系列拼布装饰画设计实践

一 作品基本信息

1.尺寸

直径：80cm（2 块）、边长：15cm。

2.展示方式

组合竖向悬挂式。（如图 5-128）

3.所需基本材料

正六边形油画框、废旧牛仔布、废旧红色棉布、丙烯或纺织品颜料、胶枪、胶棒等。

图 5-128

二 作品分析

《织梦·启航》是以红色文化为主题的废旧衣物再利用拼布实践作品。以废旧牛仔衣物为媒材，将现代拼布工艺、缝制技术以及水墨染色技术相结合，着重刻画主体“红船”形象，通过添加浪花、荷花荷叶、飞鸟以及现代建筑等元素增加层次，丰富视觉效果，使画面栩栩如生、惟妙惟肖。

三 操作步骤

1.材料准备

·钉枪一个，订书针若干；
·两块直径为 80cm 的正六边形油画板；
·一块长 100cm、幅宽 96cm 的浅蓝色扎染牛仔布；
·一块长 140cm、幅宽 96cm 的蓝色扎染牛仔布；
·深色牛仔裤三条、浅色牛仔裤三条、布带裤一条、废旧布料若干；
·一块长 30cm、宽 27cm 的黑灰色废旧牛仔布；
·一块长 27cm、宽 8cm 的红色废旧棉布；
·三块长 27cm、宽 10cm 的白色废旧棉布；
·一块长 15cm、宽 8cm 的深蓝色废旧棉布；
·废旧纸盒若干；
·50cm 双股麻绳、100cm 本白棉绳；
·三个装饰拉头；
·一管钴蓝色丙烯颜料、一管白色丙烯颜料；
·一支二号颜料笔；
·四张 A4 硫酸纸、两张 A1 硫酸纸；
·一罐金色亮粉、一罐银色亮粉；
·500g 棉花(或适合的填充物)；
·五颗摇头扣；

·四条配色金属拉链；

·一卷金色纱线、一卷深蓝色棉线、一卷蓝灰色棉线；

·一把胶枪、若干根胶棒；

·三十个成品仿真花蕊；

·一卷天蓝色丝光绣花线、一卷蓝色丝光绣花线、一卷深蓝色丝光绣花线；

·一根 3.8cm 长细针；

·一罐白乳胶、五号刷子一个；

·一罐深蓝色染料、一个调色盒；

·十根白色圆头珠针；

·若干支水笔；

·四个长 3.2cm、宽 1.7cm 的铁皮挂；

·四根直径为 0.4cm 的螺丝；

·两米细铁丝；

·一个花绷子。

2.挑选、拆解布料

挑选较为完整的浅色牛仔衣物 5 件、深色牛仔衣物 10 件、中间色蓝色牛仔衣物若干，其他废旧布块若干。

先将挑选的废旧牛仔衣物、布块按颜色深浅排列，再将牛仔衣物进行裁剪，此时若有其他剩余的废旧牛仔布料可优先使用。所有废旧布块刷胶（如图 5-129），放置通风口晾干（如图 5-130）备用。

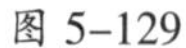

图 5-129

图 5-130

将衣物上的拉链、裤腰、襻带、铆钉、带侧缝明缉线的裤边、裤带葫芦口的背带裤等进行拆解（如图 5-131），按颜色分类放置，若有符合的成品废旧布块优先使用。裁剪后的衣物面料色彩均匀，选择金色金属齿拉链。

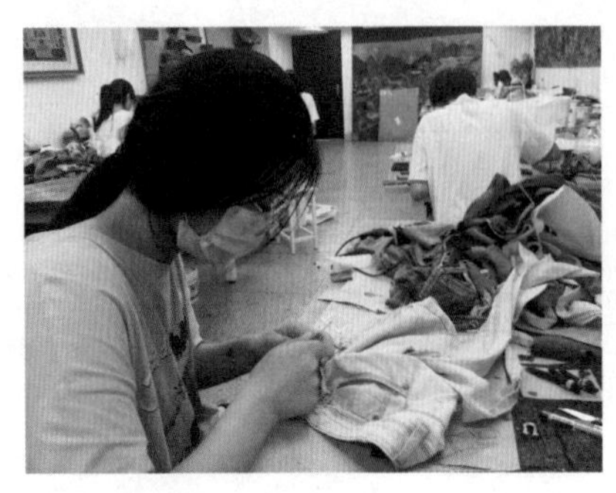
图 5-131

3.制作步骤

(1)制作底布

将长 100cm、横幅 96cm 的蓝色扎染牛仔布放置在正六边形油画板下,油画板背面朝上,根据油画板净尺寸,利用划粉绘制在浅蓝色牛仔布上。

量取油画板侧面的长度(本作品购买的油画板侧边为 3cm),在净样上放缝对应长度,并用划粉进行绘制。

按照绘制的净样,向外放缝 26cm,剪去多余面料。

利用五号笔刷均匀地将调和好的白乳胶刷在油画板正面。

对准蓝色牛仔布划线迹,将油画板正面与牛仔布背面黏合,注意拉扯各边保证布面平整。

从牛仔布的六个角与放缝 3.6cm 后的六个角进行连线,并按照连线裁剪。

利用三号笔刷将白乳胶均匀地刷于油画板侧面。

将牛仔布黏合于油画板六边,注意黏合平整。

用五号笔刷将白乳胶均匀地刷于一片未黏合的放缝的牛仔面料上,并将牛仔布按照油画板背面的形状进行快速贴合,并整理布面。

将每条边上的牛仔布重复上一项操作。

将牛仔布均匀地黏合在油画板后,利用钉枪将订书针打在油画板背后布料与油画板黏合的部位,得以固定底布。

将长 140cm、幅宽 96cm 的蓝色扎染牛仔布拿出,横幅不动,裁剪 40cm 长度备用。

剩余长 100cm、幅宽 96cm 的蓝色牛仔布料按以上步骤制作底布。

拿出准备好的铁皮挂和螺丝,大孔朝内,钉于油画板背面,注意左右对齐在一条直线上。

裁剪合适的本白色棉绳,系于两孔之间,多次缠绕,注意绷紧。

底板制作完成后效果(如图 5-132)。

将白色的棉线 6 根分为一组,共排 18 组,左幅作品竖方向将每组棉线进行排列并粘贴;右幅作品,以六边形最低处的顶角为中心向上方三个顶角均匀发散,并将每组棉线进行均匀粘贴。

(2)起稿

选定主题,构思内容,绘制草图。

根据绘制的草图在提前准备好的硫酸纸上用铅笔描绘,注意主体物的位置定位,以及各个物体的结构和层次关系,不需深度刻画。

绘制后用白色粉笔或颜料提亮画面中的亮色部分,如浪花、波浪等,用铅笔加重画面中深色部分,如背光的船帆、船身等。

图 5-132

(3)铺设大色块

根据草图各物体外轮廓和层次关系将画面中的物体分割成各个块面。

根据各物体构思的颜色,选择色彩和肌理合适的大块衣片备用。

根据分割好的各个块面,用剪刀将硫酸纸上所描绘的各物体外轮廓裁剪下来。若块面内物体形象数量多、形状复杂、不规则等,可先裁剪一个大块面,再根据每个物体的形象进行块面分割。

以裁剪下来的硫酸纸片为“板”,将选取好的合适面料分别对应各个“板”。

根据制作好的硫酸纸板,在布面上用划粉标记,并裁剪。

将各块面的布片根据层次关系拼贴。

其中右侧作品上部分不规则图形(如图 5-133),选取从蓝色底布上裁取的 40cm 布块作为底布,备用,不用黏合。

图 5-133

(4)块面分层

根据各物体的结构,挑选合适的材料,运用色彩进行块面分层并粘贴于大块面之上。注意,块面的分层适用于需要刻画的物体形象,若大块面仅做底布的功能应用于某物体之下,可以不选择采用面料对其进行块面分层,而是利用线条简单地对其层次进行分割。如本作品的波浪部分,大块面仅作为底布的功能,便于区分与其他物体的关系和后期的粘贴制作。此时可以采用线条在底布上进行分层绘制,得以区分波浪的三个颜色层次。

(5)制作部件

作品由左右两幅作品组合而成。

左幅作品从上至下可分为帆船、太阳、云朵、人物、波浪等(如图 5-134)。

帆船(如图 5-135)。

图 5-134

图 5-135

帆船部分由船帆、帆杆、船身、船头四大部分组成。

用硫酸纸在船帆部分进行横向块面分割，每个横向块面长 3~4cm。

对硫酸纸板上每一横向块面进行竖向分割,注意横向块面之间竖向线条的连接线保持流畅。

将已刷胶晾干的长 30cm、宽 27cm 左右黑灰色牛仔布取出,根据硫酸纸板各块面的净样大小,在布面上用划粉进行描绘,注意放缝 0.5cm 左右。

按照各块面的摆放位置以及受到光源影响的色彩变化标记后,将所有块面进行裁剪。若废旧布料符合画面光源色彩变化的需要,可根据受光挑选面料,若不符合,也可后期再做调整。

图 5-136

根据从左至右、从上至下的顺序,将裁剪后的块面逐个单独制作。

将准备好的 500g 棉花放于手边,取单个块面于背面粘贴适量棉花团(或其他适合的填充物,如图 5-136)。

黏合后，将块面四边 0.5cm 的放缝向填充棉花的背面进行翻折并黏合，注意翻折粘贴时，可先翻折左右或上下两边，再翻折另外两边。

将所有块面重复以上制作步骤，并排列好备用。

这时，观察船帆的色彩过渡情况（如图 5-137），若由于面料问题，或视觉效果不佳，可用颜料进行调整。

选取不同颜色的废旧牛仔面料，将边缘进行裁剪以便抽丝，再沿裁剪后的边缘纹理将经、纬分离，归类，备用。

根据光源，船帆左上角采用浅色的经纬纱线进行缠绕，并用胶枪固定，逐渐过渡到中间部分采用蓝色的经纬纱线进行缠绕（如图 5-138），根据右下角背光颜色缠绕深色经纬纱线，注意若块面较大，可以缠绕两圈经纬纱线。

图 5-137

图 5-138

量取船帆与船身之间的距离作为帆杆的长度，本作品中约为 18cm。

在与船帆同块面料上用划粉绘制长 18cm、宽 7cm 左右的长方形和一个边长 7cm 左右的正方形。

标记后，裁剪，将长方形布料卷曲成宽 1.5cm、高 18cm 左右的圆柱体，将正方形布料卷曲成宽 1.5cm、高 7cm 左右的圆柱体。

根据帆杆与支架的位置将两种圆柱体黏合。

拿出准备好的双股麻绳在船杆上缠绕并用胶枪固定黏合，模拟扬帆的绳子。黏合后的效果如图 5-139。

船身部分，根据块面分层的步骤分为栏杆、船身与船底等部分。

图 5-139

根据船身上半部分块面的形状，将提前准备好的蓝色牛仔布块裁剪成长29.5~37.5cm、宽1cm左右的布条，数量根据船身的高度而定。本作品采用了44块布条。

将布条按中线折叠，并用乳胶黏合。将黏合后的布条按照顺序分组，6~8条为一组(如图5–140)。

根据船身的形状将各组布条依次黏合，注意各组之间拼合要紧密，不露缝隙。

船身上半部分整体黏合后的效果如图5–141。

图5–140

图5–141

根据船身下半部分的块面，将深蓝色的牛仔布块裁剪长20~25cm、宽1cm左右的布条，所需裁剪的块数根据船身下半部分的高度而定。

重复上半部分船身制作的步骤，将下半部分的布条进行黏合，注意右边船尾线条的流畅。

船身下半部分整体黏合后的效果如图5–142。

船体护栏部分，按从下至上的顺序制作。

根据船身的边缘线，选择合适的带有明缉线的浅色裤边，并取出提前备好的带有葫芦口的背带，将其用胶枪黏合在船身边缘处（如图5–143）。

圆柱形护栏的制作，选择较为深色的废旧牛仔布块，将其裁剪为12个长1.5cm、宽1cm左右的长方形。

将长方形小布块，沿其中线折叠，使其形成一个圆弧形状。

将呈现圆弧形态的小布块上下两两黏合，并横向排列。

根据排列后的宽度，裁剪一块长方形布条作为圆柱形护栏的底布。

在底布上将六块组合后的长方形布块横向黏合，注意要错落有致，打破单调乏味的秩序感。

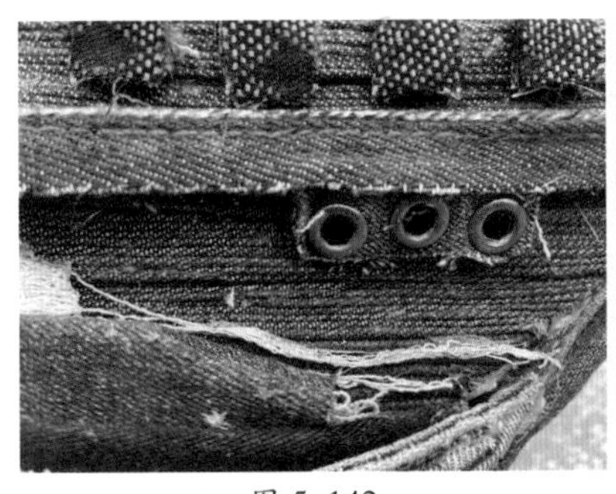
图 5-142

图 5-143

取八条经纬分离后的蓝色纱线，横向用胶枪黏合于圆柱形护栏之上。

圆柱形护栏部件整体制作后的效果（如图 5-144）。

长条形护栏的制作，挑选颜色较深的蓝色牛仔布料，在布面上进行护栏样式的绘制。

根据绘制的图形，利用准备好的蓝色细棉线和细针在边框内进行“回”字形的图案绣制，注意每个图案元素大小均衡、统一协调（如图 5-145）。

图 5-144

图 5-145

绣制后，沿绘制的护栏边框线裁剪、备用。

利用制作长条形护栏裁剪下来的剩余面料，在面布上绘制八个长 4cm、宽 2cm 左右的长方形布块。

将每个小布块的两长边向内翻折 0.5cm，并用胶枪黏合。

将黏合后的竖向护栏均匀地用胶枪黏合于长条护栏之下，放在一旁备用。

船头部分由两个部分组成，一个是船头的上半部分，一个是船头的船身部分。船头的上半部分由三块厚度为 0.5cm 包布的泡沫板层叠制作而成，船身铺设大色块由步骤中的块面和其他零碎部件组合而成。

在0.5cm厚度的泡沫板上绘制船头的形状，并裁剪。

将裁剪后的船头形状，拓于泡沫板之上，并裁剪。

用笔刷将白乳胶均匀地刷于泡沫板上，并将提前准备好的三块白色废旧布料粘贴于泡沫板的正面。

沿泡沫板的形状将多余的布料修剪，注意不要修剪过多，每边留足2cm左右缝份。

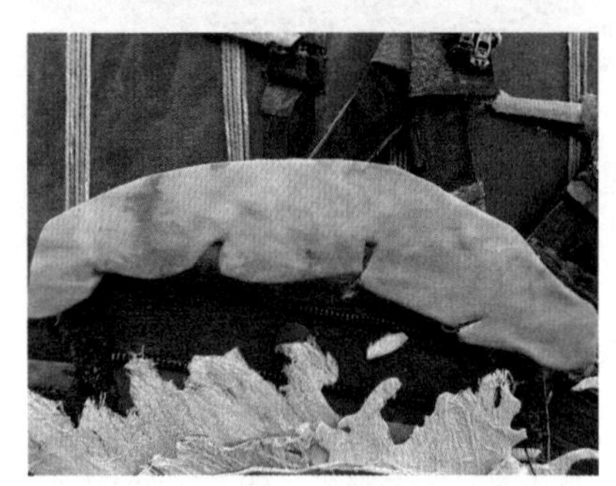

图 5-146

将泡沫板侧面与背面均匀刷上乳胶，将缝份粘贴于泡沫板背面，注意边缘的贴合度，保证边缘线流畅（如图5-146）。

将三块泡沫板上下黏合，作为船头备用。

将牛仔衣物的金属拉链齿进行拆解，并用胶枪横向粘贴延长18cm左右，重复制作两次。

将船头的高度进行三等分，并在布面上定位。

将黏合后的两条金属拉链齿，利用胶枪黏合于绘制的定位点上。

在泡沫板上绘制两个宽1cm、长6cm的长方形。

挑选一块颜色较深的牛仔布块，按照泡沫板形状，在布面上标记，注意放缝1cm。标记后裁剪。

在泡沫板上用胶枪均匀地涂上热熔胶，将布块粘贴于泡沫板正面，将多余的放缝面料粘贴于泡沫板背面。

将两个泡沫板粘贴于船身的左右两侧（如图5-147）。

将拆解的腰头扣、四个铆钉、四个金属气眼粘贴于船身装饰部位（如图5-148）。

图 5-147

图 5-148

波浪(如图 5-149)。

将波浪分为前、中、后三个层次,将硫酸纸板上的浪的层次利用线条进行分割。

将准备好的牛仔布块裁剪为长条形并折叠放置(如图 5-150)。

根据波浪色彩与形态将折边的布块上下层叠,形成错落有致的波浪形象(如图 5-151)。

图 5-149

图 5-150

图 5-151

将浅色的废旧牛仔布料进行经纬分离,分离出的白色纱线整齐排列。

挑选一块长 25cm、宽 15cm 的浅蓝色牛仔布块作为底布,利用笔刷将乳胶均匀刷于布面之上,注意乳胶不宜过厚。

将白色的纱线整齐地排列于刷有乳胶的浅色裤面之上,放置通风口晾干。

根据浪花的形态,在布满纱线的浅蓝色底布的背面进行外轮廓的绘制,并裁剪,剩余布料放置一边备用。

人物(如图 5-152)。

根据硫酸纸上绘制的人物形象(如图 5-153),在浅色的牛仔布料上绘制并裁剪,作为人物部分的大块面。

根据设计的人物衣着与形态,将其服装、服饰、随身物品粘贴于底布之

图 5-152

上(如图 5-154)。

图 5-153

图 5-154

利用拆解的拉链部件和编绳等,根据各人物形象特点,利用胶枪粘贴(如图 5-155),并将人物排列组合(如图 5-156)。

图 5-155

图 5-156

图 5-157

利用画笔将混合白色与钴蓝色的丙烯颜料绘制人物形象与服装的褶皱，使人物形象更加立体、生动(如图 5-157)。

将准备好的红色棉布放入与水掺和的蓝色染料之中浸泡,显色后洗去表面浮色并晾干。

将浸染后的红色棉布，根据红旗的形象用划粉标记,并裁剪。

裁剪一段 18cm 左右的麻绳,与裁剪后的红色棉布利用胶枪黏合,使其形成红旗形象。

太阳(如图 5-158)。

将长 50cm 的白色棉线裁成两段，一段放入与水掺和的蓝色染料之中浸泡,显色后洗去表面浮色并晾干。

根据太阳部分底布的图形,将白色与浅蓝色棉线利用胶枪依次排列粘贴，靠近中心部分以白色的棉线为主，边缘部分以蓝色棉线为主（如图 5–159）。

图 5–158

图 5–159

拿出之前经纬分离步骤后保留在浅色牛仔布面上的纱线，将其修剪整齐，裤面部分保留 3cm 左右。

根据太阳的边缘形状，将纱线的裤面部分均匀黏合于底部之上。

将牛仔金属拉链齿拆解，并用胶枪横向粘贴延长 18cm 左右。

将延长后的金属拉链齿粘贴于排列的棉线外侧、纱线裤面部分上侧，锯齿向外（如图 5–160）。

云朵（如图 5–161）。

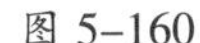

图 5–160

图 5–161

选取浅色的牛仔面料，通过经纬分离，获得白色绒线，将其细细地剪成毫米长短的一段，备用。

将铺设大块面裁剪的云朵块面取出，根据云朵形象在布面上绘制。利用胶枪沿其线条描绘，并快速将裁绒而得的白色绒段均匀撒于热熔胶上，等其冷却、凝固。

重复以上步骤制作云朵纹样，黏合后效果如图 5–162。

右幅作品可分为剪影、鸽子、红船、波浪、荷花与荷叶等（如图 5–163）。

图 5-162

图 5-163

剪影。

将铺设大块面右侧作品上方的剪影底布拿出，利用缝纫机，在其布面上进行图案绘制（如图 5-164）。

鸽子。

根据设计的鸽子形象，将鸽子的外轮廓绘制于浅色、蓝色、深蓝色的碎布上。

绘制后将布面裁剪后备用（如图 5-165）。

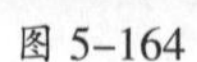

图 5-164

图 5-165

波浪。

采用与左幅作品相同的制作方法制作右幅作品中的波浪（如图 5-166）与浪花（如图 5-167）。

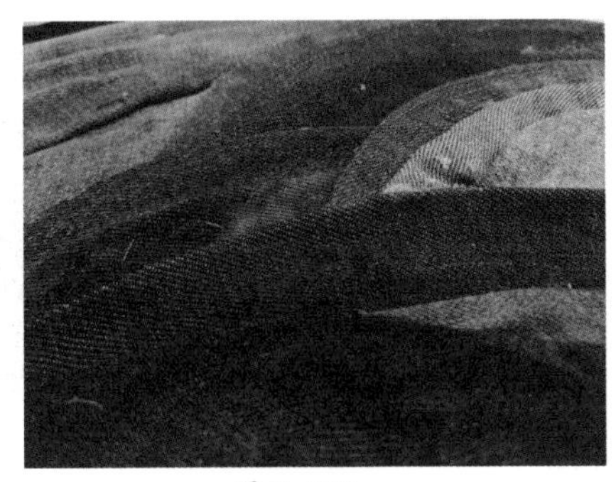
图 5-166

图 5-167

红船。

红船的制作分为船屋、甲板和船身三个部分。

将所制作的块面分层后的底布作为基础进行后续制作。

船屋部分，根据船屋的透视，将近处的部件抬高使其层次分明，挑选合适的具有装饰效果的侧缝线，用胶枪黏合于船屋的结构线上，丰富船屋形象。

根据船屋门帘的形象特征，将经纬分离后纱线卷曲、捆扎，并用胶枪粘贴（如图 5-168）。

窗帘部分，采用较粗的本白色棉绳卷曲并捆扎。

利用笔刷，将丙烯颜料绘制于白色棉绳之上，使其具有图案效果（如图 5-169）。

图 5-168

拆解牛仔裤上的摇头扣、铆钉、装饰性拉链等部件，放置一边备用。

将三颗摇头扣以三角形的排列方式粘贴于门的上方。

将四颗铆钉呈一字形排列粘贴于三角形摇头扣下方。

将两个具有装饰效果的拉链头粘贴于门的两侧（如图 5-170）。

图 5-169

图 5-170

图 5-171

以上具有功能性的装饰物粘贴方法，并不具有唯一性，可根据作者的审美自行设计和表现。

部件粘贴后效果（如图 5-171）。

将红色的废旧棉布裁取 4cm 左右的正方形。

将适量的棉花包裹于红色棉布内，并用胶枪粘贴。

按灯笼的形象特征，用细针将金色纱线缝制于灯笼上，作为装饰。

裁剪合适的红色布料，将其经纬分离，并进行修剪、捆扎制作灯笼的穗儿。

制作完成的灯笼效果（如图 5-172），重复制作两个灯笼并粘贴于船屋之上（如图 5-173）。

图 5-172

图 5-173

按设计中的人物形象，选择浅蓝色废旧牛仔布料，在布面上绘制、裁剪，粘贴于船屋中。

将拆解的裤襻竖向粘贴于人物外侧及船窗位置，营造精致、立体的整体效果（如图 5-174）。

将本白的棉线用胶枪粘贴于甲板上，利用蓝色丙烯颜料（或纺织品颜料）根据光源绘制明暗关系。

棉线粘贴后效果（如图 5-175）。

利用层叠的布块将船身边缘抬高（如图 5-176），使其高于船身部分。

挑选合适的侧缝线，粘贴于层叠布块之上（如图 5-177）。

图 5-174

图 5-175

图 5-176

图 5-177

荷花(如图 5-178)。

挑选一块纹路清晰的浅色牛仔布料，根据荷花所需的尺寸将其裁剪并分类放置(如图 5-179)。

将裁剪后的小块长方形按其中线折叠，并将边缘裁剪成弧状(如图 5-180)。

图 5-178

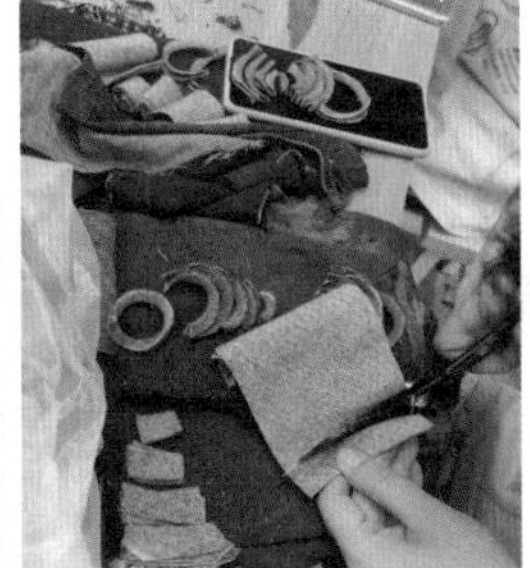

图 5-179

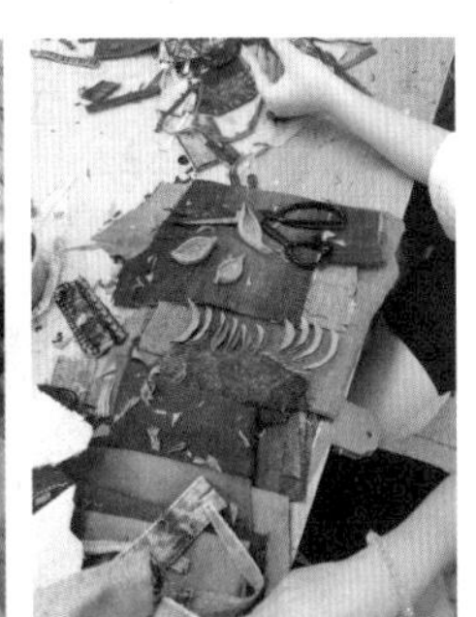

图 5-180

根据长短，用胶枪将小片黏合，组合成荷花的花瓣（如图 5-181）。

将深蓝色染料放入调色盒，并加入清水稀释(如图 5-182)。

图 5-181

图 5-182

根据花瓣颜色的渐变，调整染料的浓度，绘制于花瓣之上（如图 5-183）。

花瓣浸染后效果（如图 5-184）。

图 5-183

图 5-184

模拟荷花形态，用胶枪将花瓣黏合。

将准备好的成品花蕊拿出，根据荷花的实际尺寸截取并粘贴（如图 5-185、图 5-186）。

图 5-185

图 5-186

挑选一块深色布料经纬分离，将深色纱线缠绕、填充，使其形成未开花的荷花形态（如图5-187）。

图 5-187

荷叶。

挑选合适的牛仔布块，将形态各异的荷叶形象在布面上绘制。

利用细针将蓝色棉线绣制其上（如图 5-188）。

将布面的荷叶向外放缝 1cm，并将其形状拓于另一块深色的牛仔布上，作为荷叶的底。

将布面进行裁剪，并根据净样手工缝合（如图 5-189）。

图 5-188

图 5-189

制作的荷叶效果（如图 5-190）。

将准备好的天蓝色丝光绣花线、蓝色丝光绣花线和深蓝色丝光绣花线拿出，根据荷叶形态将荷叶轮廓绘制于蓝色的棉布之上。

先将蓝色棉布放置于绣花绷上，再将细铜丝按荷叶轮廓型固定，通过刺绣固定铜丝，并用蓝色丝光绣花线包缝。

用长短针针法绣制荷叶（如图 5-191）。

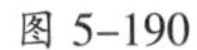

图 5-190

图 5-191

绣制完成的荷叶效果（如图 5-192）。

根据荷叶、荷花的形态制作其茎，并用胶枪粘贴、组合（如图 5-193）。

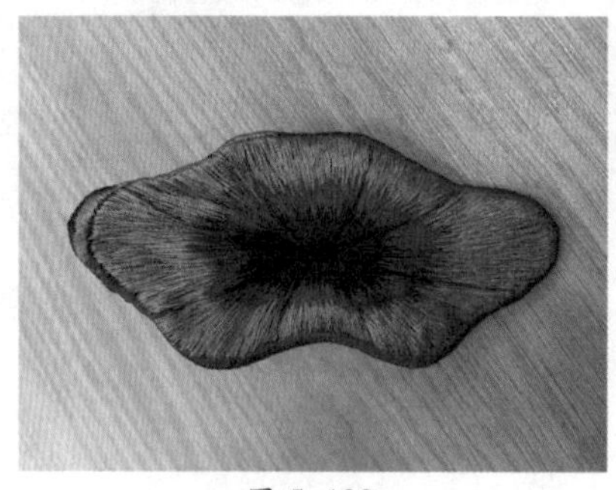

图 5-192

图 5-193

（6）部件黏合

将各部件组合粘贴，根据各自的位置，部件与部件的层次关系等粘贴、整合。

（7）后期装饰

将旗面（如图 5-194）、荷叶（如图 5-195）、灯笼（如图 5-196）涂上稀释的白乳胶，将金粉洒在需要装饰的位置，抖掉余量。作品即完成。

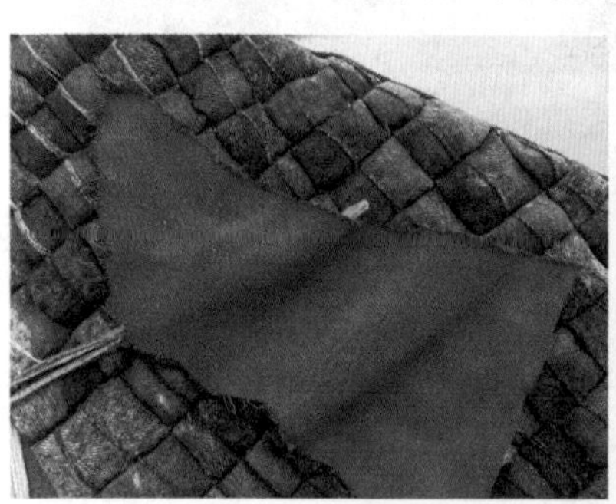

图 5-194

图 5-195

图 5-196

第六节 《徽语门庭》大型拼布壁挂设计实践

一 作品基本信息

图 5-197

1.尺寸

长 240cm、高 200cm、厚 18cm(最厚处)。

2.展示方式

组合竖向悬挂(可拆卸组合)。(如图 5-197)

3.所需基本材料

废旧牛仔衣物、毛毡布、木棍、胶枪、胶棒、乳胶等。

二 作品分析

作品表现的是古徽州的门罩景观,此门罩为字匾式门罩,上部为瓦檐,中部由砖雕、无字匾及匾两侧装饰砖雕组成,下部为长方形门扇门框。这种以徽州地域特色景观为主题的拼布作品,重点在于对驳陈旧的墙面、精致繁复的雕刻、层叠青瓦的表达。该作品区别于传统拼布作品,实现了从平面拼布向立体拼布的转变,体现了拼布"软雕塑"的特征,因此,在制作中需重点把握其中的透视关系,以及支撑部件的制作等。

三 操作步骤

1.材料准备

·一块洗缩水后横幅 150cm,长度 650cm 的浅色牛仔底布;

·一块长 500cm、宽 100cm,或两块长 250cm、宽 100cm 的纯棉毛毡布;

·两根 3cm×3cm 粗、118.5cm 长木棍;

·若干废旧牛仔衣物、废旧牛仔布块;

·一块 150cm 横幅、50cm 长的深红色废旧布料;

·两张半开牛皮纸；
·一卷深蓝色纯棉手缝线、一根适配的手缝针；
·一条宽 2cm、长 150cm 的魔术贴；
·4 盒颜色为蓝色、灰色、黑色、白色的纺织纤维颜料；
·4 支水粉画笔，型号分别为 1 号、3 号、10 号和 12 号；
·一把裁布剪刀、一把裁纸剪刀、一把纱剪、一个拆线器；
·一把胶枪、若干胶棒。
·两个长宽高分别为 22.5cm、11cm、5cm 和两个长宽高分别为 31cm、19.5cm、8cm 的废旧鞋盒或纸盒，若没有合适材料，废旧纸板亦可。
·超轻黏土 300g。

2.挑选、拆解布料

挑选较为完整的浅色牛仔衣物 10 件以上或浅色碎布头若干、深色牛仔衣物 10 件以上或深色牛仔碎布头若干、中间色蓝色牛仔衣物 10 件以上或牛仔碎布头若干(如图 5-198)。

先将挑选的废旧牛仔衣物、布块按颜色深浅排列(如图 5-199)，再将浅色牛仔裤裤面进行裁剪，裁剪形式可选择剪开侧缝得一整块牛仔布料，或以两条侧缝为边分别裁开得两块裤面，若有其他剩余的废旧大块牛仔布料，可优先使用。所有废旧布块刷胶、晾干备用。

图 5-198

图 5-199

再将所挑选的牛仔衣物上的拉链(如图 5-200)、裤腰(如图 5-201)、贴袋(如图 5-202)、裤脚(如图 5-203)、侧缝明缉线(如图 5-204)、襻带等拆解，按颜色进行分类放置。裁剪后的裤腰浅色居多、裤脚、襻带、明缉线色彩均衡、拉链选择金属色为宜。

图 5-200

图 5-201　图 5-202

图 5-203　图 5-204

3.制作步骤

(1)制作底布

将提前准备好的两块横幅的牛仔面料裁剪成两块，使其长度为300cm。

用熨斗将布面熨烫平整后(如图 5-205)分别均匀刷上乳胶，晾干备用。

将毛毡布放置于牛仔面料下方，根据毛毡布的大小，将牛仔面料的两侧均匀折叠并粘在毛毡布的背面(如图 5-206)，上方留 50cm 的余量，下方与毛毡布对齐，选择适当长度按直线向背面折叠并用乳胶粘牢(如图 5-207)。

图 5-205

图 5-206

图 5-207

图 5-208

将上方 50cm 左右的余量保留 10cm,并朝背面向下折叠、粘牢。粘牢后，将 10cm 的余量从两侧打开竖向剪口,保证木棍可以穿过。

将木棍穿入,底布制作完成(如图 5-208)。

(2)起稿

按照设计构思，绘制设计草图。根据选定的主题将设计稿绘制于提前准备好的牛皮纸上，不用深度刻画,但注意主体物的位置(如图 5-209)。

绘制后用白色粉笔或白色颜料提亮画面中的受光部分,用铅笔加重画面中阴影部分（如图 5-210)。完成后将牛皮纸四周粘在底布上(如图 5-211)。

图 5-209

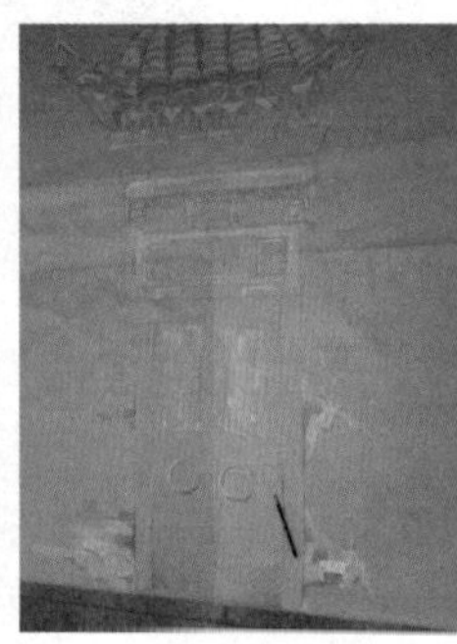
图 5-210

图 5-211

(3)铺设大色块

将画面中的物体分割成各个块面，选择色彩和肌理合适的衣片,按照刻画主题的轮廓形状与各物体之间的层次关系进行底布的色块的铺设。

根据分割好的块面,分别按照牛皮纸上绘制的物体轮廓进行裁剪。

以裁剪下来的牛皮纸片为“板”,在合适的面料上用划粉标记(如图 5-212)并裁剪,将裁剪后的布块放回牛皮纸上(如图 5-213)。

将已刷胶晾干的衣片面料进行拼接，组合成作品的墙面（如图 5-214)。再将深色的衣片裁剪后放置在门面处(如图 5-215),利用裤腰(如图 5-216)、明缉线模拟门框、门缝进行制作(如图 5-217)。

图 5-212

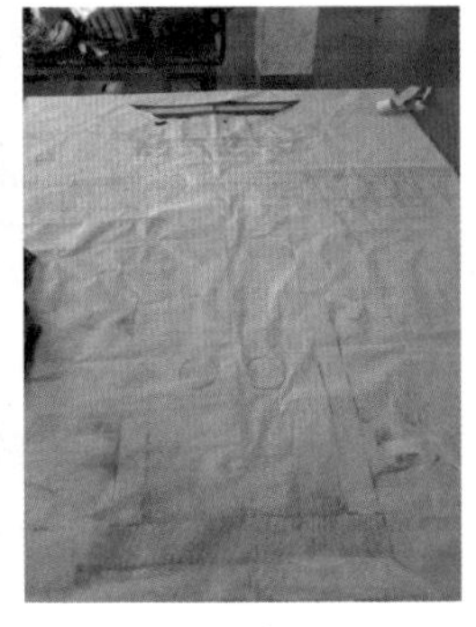
图 5-213

图 5-214

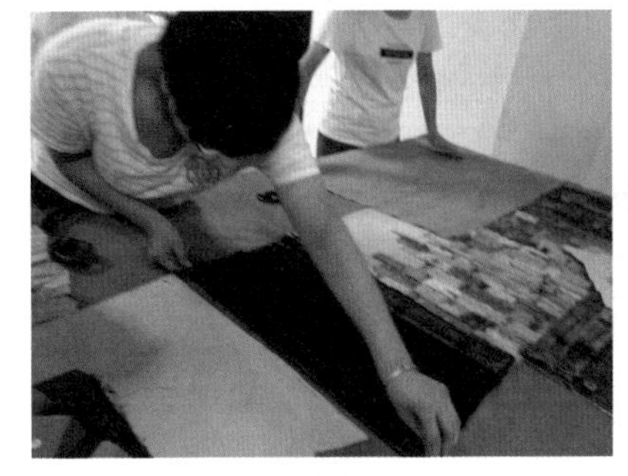
图 5-215

图 5-216

图 5-217

(4)块面分层

以铺设后的大色块为基础,根据纹样结构与色彩,挑选合适的衣片进行块面分层并粘贴于大色块上(如图 5-218)。

(5)部件制作

整体块面铺设后,进行分部制作。整件作品分为瓦檐、门楼、墙檐、墙面、门、踏步六个部分(如图 5-219)。

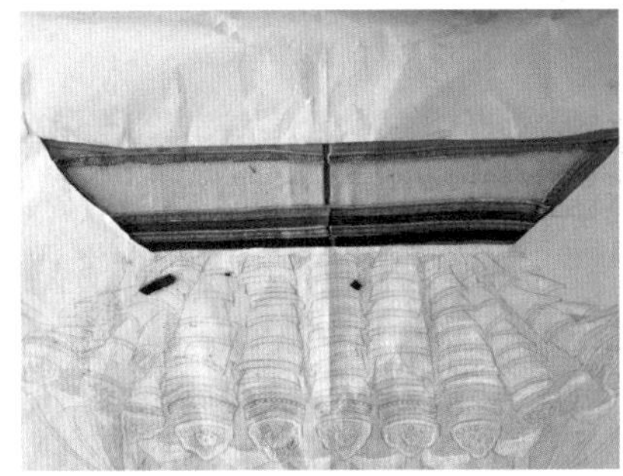

图 5-218

图 5-219

图 5-220

墙檐制作如图 5-220 所示。

将裤面裁剪成为宽度相同的长方形,并卷曲用胶枪固定,重复制作多个。

将侧缝明缉线条卷曲成与裤面卷曲直径相同造型结构（如图 5-221),重复制作多个,备用。

将提前拆解后的金色拉链拆解,重复拆解多个。

将两个 A 粘在一个 B 的两头(如图 5-222),每边的 A 侧上按照“十”字形状粘贴四个金属拉头(如图 5-223),共组装六个备用。

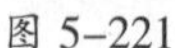
图 5-221

图 5-222

图 5-223

按颜色的深浅变化,将多个裤脚依次排列粘贴成“瓦块”,备用(如图 5-224)。

将准备好的贴袋刷上乳胶，在未干之时，将平直一边向内折叠 2~3 次,将尖头的一侧向内垂直于折叠的部分,以垂足为中心,向内按压,使其成为自然的弧形(如图 5-225),重复制作多个备用(如图 5-226、图 5-227)。

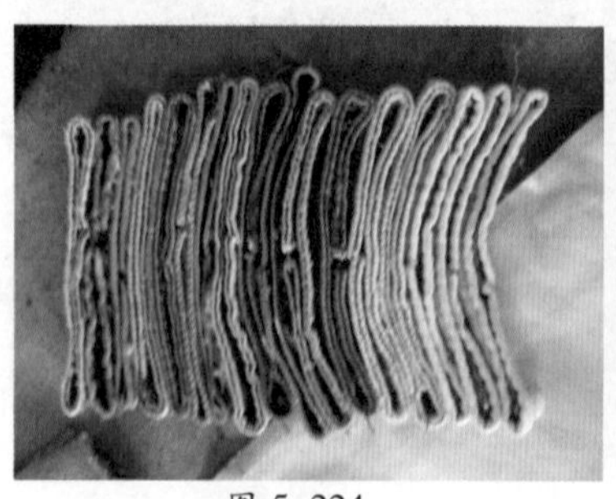
图 5-224

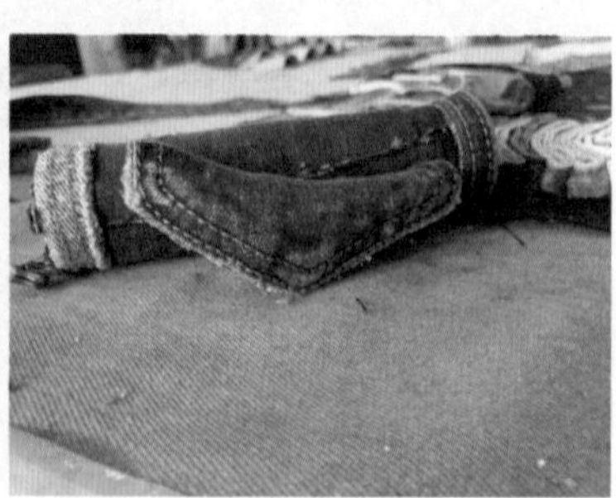
图 5-225

图 5-226

图 5-227

将以上准备好的材料按照顺序粘贴在色块底布上，备用（如图 5-228、图 5-229）。

图 5-228

图 5-229

选择深、浅各两条裤腰，上下组合排列，并模拟粘贴表现花脊（如图 5-230）。

将各色襻带均匀交错地粘贴在两条裤腰上，注意不要过于紧凑或松散。

将已制作完成的门檐和瓦片滴水组合拼接。

瓦檐制作如图 5-231 所示。

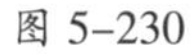

图 5-230

图 5-231

按设计图门檐大小，先用划粉在两块深色的牛仔废旧布料上分别标记，并与裁剪的轮廓黏合，作为门檐底布。再将牛仔面料按颜色深浅分类。根据光源效果和透视关系，将面料裁剪为一块块梯形布块，注意放缝。

由于面料柔软，不宜塑型，需借助超轻黏土等材料辅助塑型（如图 5-232）。根据瓦块的形状，将梯形布块向背面弯曲塑造其形状（如图5-233），注意透视关系（如图 5-234、图 5-235）。考虑受光面和透视关系，按照底瓦、盖瓦的方式交错排列（如图 5-236）。

图 5-232

图 5-233

图 5-234

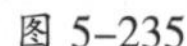

图 5-235

图 5-236

根据裁剪好的梯形面料的净样尺寸，用同类色面料裁剪成比净样大1cm左右的梯形布块，注意瓦片底布大小能够遮挡住超轻黏土（如图 5-237）。

图 5-237

根据牛皮纸花檐的大小，在泡沫板上进行绘制，并按其边修剪下来，重复制作多个备用。

在深色牛仔布料上用划粉绘制其净样，每边放缝合适尺寸，重复绘制多个布块，并裁剪。

将花檐形状的泡沫板、牛仔布块取出，将泡沫板放在牛仔布块下方，对齐净样的四个角粘贴，并按照直线进行裁剪。将裁剪后的放缝布料向泡沫板背面粘贴，使其每个边平整，修剪多余面料。花檐制作完成后的效果如图 5-238。

将制作墙檐时备用的六个滴水取出，粘贴于瓦片下方，与花檐交错排列（如图 5-239）。

图 5-238

图 5-239

在三维立体拼布作品中，由于其门檐设计为立体造型，所以以上制作的材料根据设计需要有支撑物将其托起，达到模拟立体门檐的造型效果。支撑物的制作由多个“脊”和梯形支撑物组成，“脊”的上方的支撑物直接受力于门檐。“脊”共十个，形状不完全相同，以门罩的中线为对称轴，两边对称排列。支撑物为梯形，长边 10.5cm、短边 7cm，中间包裹三层 0.3cm 泡沫板。

根据门檐顶的大小，按如图 5-240 所示形状在泡沫板上绘制支撑物的轮廓形，注意两侧形状的变化（如图 5-241）。根据泡沫板厚度，选择重叠的层数并粘贴在一起，重复制作 10 个，注意对称，备用。

根据各泡沫板形状，选择合适的废旧牛仔布块，在布面上用划粉描绘其外轮廓，每块泡沫板配两块布块，共 20 片布块，注意放缝。

将相应的两个布块用胶枪粘贴于泡沫板块的正反两面，将放缝面料粘贴在泡沫板的侧面。

挑选合适的裤边或侧缝明缉线，粘贴于“脊”的侧边，将毛边遮住（如图 5-242）。

按支撑物（如图 5-243）的尺寸，在泡沫板上绘制、修剪并粘贴（如图 5-244）。

根据层叠后的泡沫板条，在布面上用笔划出净样，注意两边放缝。

根据泡沫板条的形状将裁剪好的布片粘贴在四面上（如图 5-245），重复制作 12 个，完成支撑物的制作。

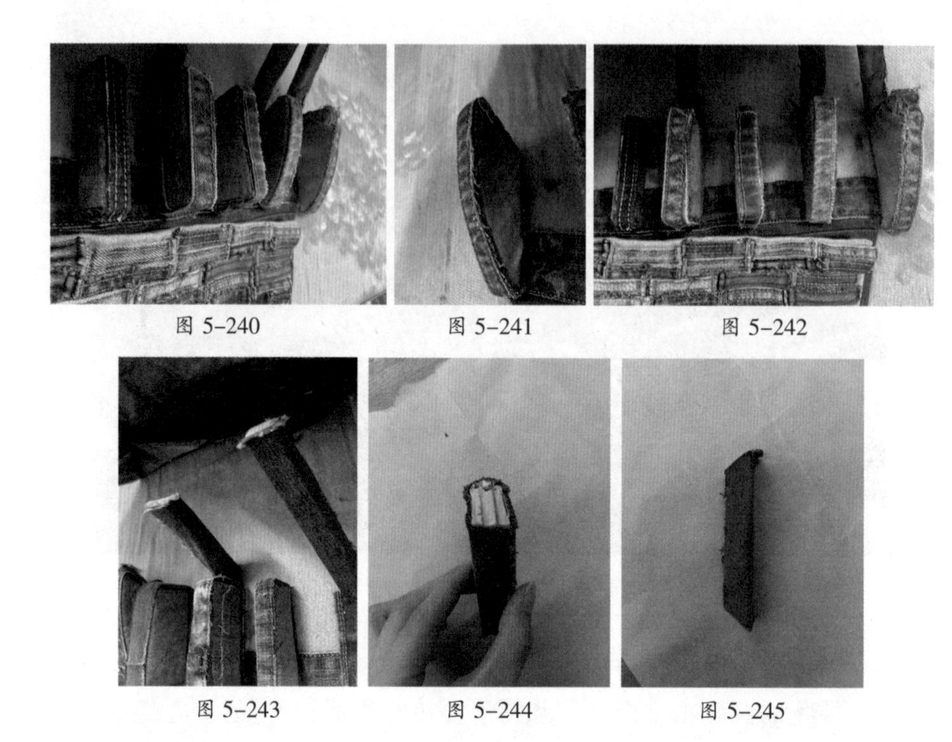

图 5-240　图 5-241　图 5-242

图 5-243　图 5-244　图 5-245

门楼如图 5-246 所示。

门楼分为三个层次，最上层为墙面砖块，中间为各式砖雕图案，最下层为无字匾及两侧雕刻的花板。制作时，墙面砖块用襻带横向交错排列，整齐并富有变化；砖雕图案，运用刺绣、拼贴、手绘等多种技法制作：根据图案的样式，采用刺绣工艺的块面，利用胶枪在布面上进行描绘（如图 5-247、图 5-248），根据胶枪所产生的图案，采用深蓝色的棉线对其进行包缝，注意线迹要密实（如图 5-249）。

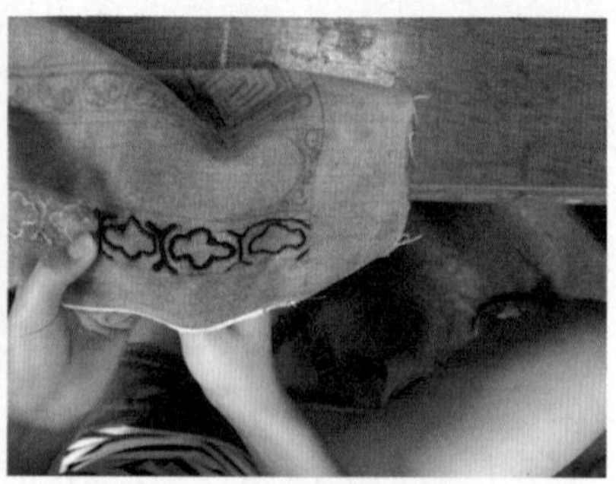

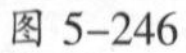

图 5-246　图 5-247

图 5-248

图 5-249

绣制完成的图案效果如图 5-250、图 5-251。

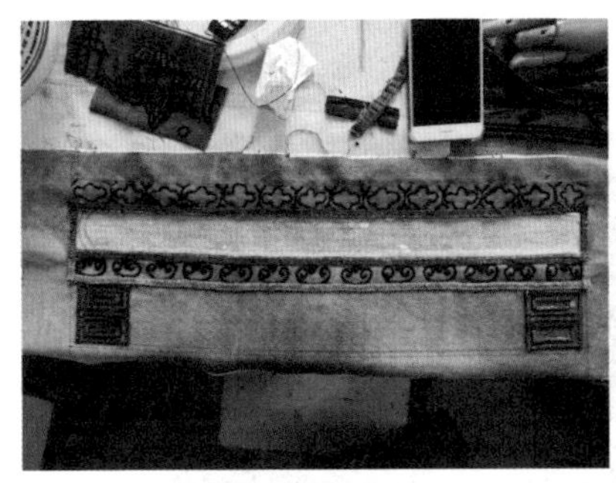

图 5-250

图 5-251

采用拼贴刻画图案部分如图 5-252、图 5-253，金属拉链齿粘贴后的效果如图 5-254。

图 5-252

图 5-253

图 5-254

图 5-255

花板图案部分制作完成后，制作其框：先挑选合适的双明缉线缝份，将其裁剪为设计需要长度的布段，并围成所需尺寸规格的矩形（如图 5-255），重复制作两个。

无字匾部分，将其边框用浅色侧缝线进行黏合，图案部分用浅色布料裁剪成长条形，卷曲成 0.3cm 左右，按图案形状，将小细棒裁剪并粘贴。各部件制作好后，按位置摆放，检查其效果（如图 5-256）。

墙面如图 5-257。

图 5-256

图 5-257

将裤腰裁剪为宽窄不一的布条（如图 5-258）。

根据墙面斑驳程度，进行排列（如图 5-259），靠近门扇聚集，向两侧稀疏。裤腰排列后的效果如图 5-260。

按照排列，将布块黏合在墙面的底布上（如图 5-261）。

图 5-258

图 5-259

图 5-260

图 5-261

踏步。

将提前准备好的合适的纸盒或纸板取出。若废旧纸盒尺寸适合可以直接使用，若只有废旧纸板，则将其裁剪、黏合、组合成所需尺寸的长方体。

挑选结构丰富的衣片，根据长方体六面的大小在布面上用划粉进行标记。

将布块用胶枪粘贴于对应盒子的表面（如图 5-262），重复制作四个（如图 5-263）。

图 5-262

图 5-263

为增强作品的实际效果，在踏步上设计了植被等形态。

选取不同颜色的废旧牛仔面料，将边缘进行裁剪以便抽丝，再沿裁剪后的边缘纹理将经纬分离并归类（如图 5-264、图 5-265）。

裁剪后的布条进行卷曲，顶部的线穗长度根据实际需要进行修剪（如图 5-266）。

灯笼如图 5-267。

在牛皮纸上绘制长为 18cm、宽为 7.5cm 叶片形状的纸样。

根据制作好的叶片纸样，在深红色棉布片上用划粉进行净样的绘

图 5-264

图 5-265

制,共 6 片,注意放缝。标记后,将布片裁剪。将 6 块布片缝合,缝合最后一条缝合线时,留一个 5cm 左右的小口,通过小口将棉布翻回到没有毛边的正面棉布,再将提前准备好的填充物塞入,保证其形状饱满,手缝小口。用同样步骤制作两个灯笼主体。

在红色面布上用划粉绘制一个直径为 7cm 的圆形净样并裁剪,重复制作两个。再将灯笼与圆形的棉布片缝合(如图 5-268)。

图 5-266

图 5-267

图 5-268

将金属拉链进行拆解,保留链齿,将链齿黏合延长到 13cm 左右,备用。

挑选一块长 15cm 左右、宽 24cm 左右的废旧牛仔布料,长度方向上,沿一边裁剪长 11cm 左右、宽 0.5cm 左右的流苏,再将布块沿一边卷曲黏合。

将长条链齿齿面朝下卷曲于流苏外侧,并粘贴(如图 5-269)。

将各部件黏合, 并在灯笼顶部用棉绳缝合一个长度约为 50cm 的挂线。黏合后效果(如图 5-270)。

图 5-269

图 5-270

（6）部件黏合

将墙檐上的花脊、瓦块、滴水等用胶枪黏合于底布之上（如图 5-271、图 5-272）。

将底布挂于墙面（如图 5-273）。

为方便踏步拿取、安放，将踏步与底布黏合部分用胶枪横向黏合魔术贴（如图 5-274）。

图 5-271

图 5-272

图 5-273

图 5-274

踏步与踏步之间用胶枪粘贴魔术贴，防止其因自重原因下垂，影响美观。踏步黏合后效果（如图 5–275）。

将门楼的三个部分黏合在底布上（如图 5–276）。

图 5–275

图 5–276

将支撑瓦檐的脊用胶枪粘贴在门楼的上方（如图 5–277）。

将支撑物光面均匀粘贴在每个对应的脊上（如图 5–278）。

将瓦片、滴水、花檐和屋顶拼合于一起，并黏合在底布之上。

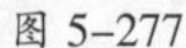

图 5–277

图 5–278

按照屋檐的图案，用水消笔进行绘制，用零碎的拉链齿按草图黏合。

将屋顶放置于支撑物之上（如图 5–279）。

将提前准备好的成品门闩缝合在门缝之间的合适位置（如图 5–280）。

图 5–279

图 5–280

(7)绘制与调整

将建筑细节纹样用画笔和丙烯颜料(或纺织品颜料)在布面上进行绘制(如图 5-281)。

墙面纹样绘制效果(如图 5-282)。

图 5-281

图 5-282

将部分采用刺绣工艺的图案结合手绘,增加其丰富性(如图 5-283)。

将砖块墙面等部件结合手绘(如图 5-284、图 5-285),丰富视觉效果,使光整的墙面具有斑驳的历史沧桑感(如图 5-286)。

在底布上绘制云彩等周边环境, 使主体更符合实际 (如图 5-287)。

图 5-283

图 5-284

图 5-285

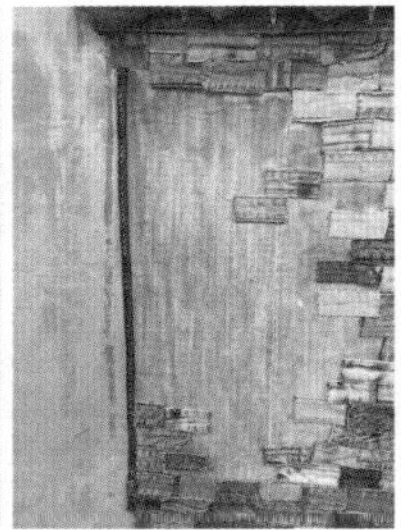

图 5-286

图 5-287

第六章　废旧牛仔拼布作品赏析

废旧牛仔衣物拥有独特的视觉语言与色彩情感，以废旧牛仔衣物为媒材的拼布艺术作品被赋予了独特的风格与视觉效果。在牛仔拼布作品创作实践中，虽然色彩和材料单一，但表现主题内容却很丰富。主要题材围绕地域文化、人文情怀、特色建筑展开，大体上可归纳为以下几种类型。

第一节　地域文化类

由于自然和地理环境的不同，不同地域的文化经过长期的历史进程形成差异。不同的区域历史文化都极具地方特色，以地域文化为灵感来源的拼布作品，既富有典型区域特色，又蕴藏深刻文化内涵。

一　《徽语门庭》(如图6-1)作品赏析

图 6-1　《徽语门庭》

1.设计说明

《徽语门庭》作品灵感源于徽州古谚“千金门楼四两屋，户户面子在门楼”。走进徽州，被粉墙黛瓦所吸引，穿梭其中，才能发现朴素简单下隐藏的是老徽州的低调与奢华。精雕细琢的徽州门罩，是无数能工巧匠的沥沥心血，是徽州人蕴藏其中的普世价值，是徽州人的精神归宿。作品一为向世人传达徽州人的价值理念，讲述着当年的徽州故事，重现着几百年前徽州商人跋山涉水，历尽艰辛，从商归来，修门堂，兴教育的繁华景象；二为致敬徽州匠人精神，展现了徽州匠人的高超技艺。作品利用废旧牛仔衣物，结合拼布艺术，运用解构、重构等创作手法，尽可能地还原徽州门庭历经千百年风雨后的沧桑模样，复刻模仿时，眼中重现着当年的繁华徽州，体会着徽州匠人们对一砖一瓦所倾注的心血。

2.作品信息

作品名称：《徽语门庭》

主创人员：袁金龙、汪悦、姚烁、张媛媛、周萍、樊世荟等

尺寸：240cm×200cm

材料：废旧牛仔衣物、纺织品染料、乳胶、热熔胶等

3.作品细节（如图 6–2 至图 6–7）

图 6–2 《徽语门庭》局部图

图 6–3 《徽语门庭》局部图

图 6–4 《徽语门庭》局部图

图 6–5 《徽语门庭》局部图

图 6–6 《徽语门庭》局部图

图 6–7 《徽语门庭》局部图

二 《门第》(如图6-8)案例赏析

图 6-8 《门第》

1.设计说明

《门第》作品灵感源于古徽州祠堂文化。该作品祠堂门罩牌匾上的"恩荣"与"世科甲第"可以直观看到古人对功名的重视与寄托;古人偏爱祥云,因其带有吉祥、希望之意;鹤与鹿的图案表达了"鹤寿同春"的美好寓意;双龙戏珠更表达着古人望子成龙、直上青云的美好愿望。

2.作品信息

作品名称:《门第》

主创人员:袁金龙、钱欣、叶清、宋洁、彭元悦、王忠伟等

尺寸:240cm×200cm

材料:废旧牛仔衣物、纺织品染料、KT 板、乳胶、热熔胶等

3.作品细节(如图 6-9 至图 6-14)

图 6-9 《门第》细节图

图 6-10 《门第》细节图

图 6-11 《门第》细节图

图 6-12 《门第》细节图

图 6-13 《门第》细节图

图 6-14 《门第》细节图

三 《运河故事之回溯·今朝》(如图6-15)案例赏析

图 6-15 《运河故事之回溯·今朝》

1.设计说明

本作品通过对废旧牛仔面料解构和重构的工艺技法，展现拱宸桥及古色古韵的大运河景象和现代化高楼林立的新气象，主要运用经纬编织手法，以麻绳为经线，牛仔布条为纬线，构造出运河中的桥梁及建筑等；树木以牛仔抽丝堆叠而成；河流以牛仔布碎屑为波；细节部分皆为废旧牛仔衣物上的零部件，如拉链、金属装饰等；最后以手绘润色。各部分相辅相成，以拼布工艺展示这个从古至今活着的、流动的重要人类文化遗产。

2.作品信息

作品名称：《运河故事之回溯·今朝》

主创人员：袁金龙、钱欣、宋洁、叶清、彭元悦、王忠伟等

尺寸：160cm×90cm×2 幅

材料：废旧牛仔衣物、麻线、纺织品染料、热熔胶等

3.作品细节（如图 6-16 至图 6-21）

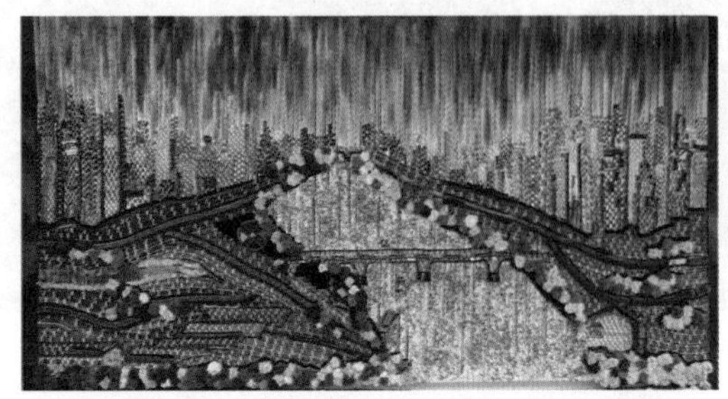

图 6-16 《运河故事之回溯·今朝》上侧局部图“运河故事之今朝”

图 6-17 《运河故事之回溯·今朝》下侧局部图“运河故事之回溯”

图 6-18 《运河故事之回溯·今朝》细节图

图 6-19 《运河故事之回溯·今朝》细节图

图 6-20 《运河故事之回溯·今朝》细节图

图 6-21 《运河故事之回溯·今朝》细节图

四 《古色清幽“韵(运)”在河》(如图6-22)案例赏析

图 6-22 《古色清幽“韵(运)”在河》

1.设计说明

《古色清幽“韵(运)”在河》作品以大运河文化为主题,将大运河文化元素运用于现代装饰画创作中,基于环保理念背景下,通过对废旧牛仔衣物的解构与重构表现古镇古香古色的韵味,展现运河的人文美景。不仅感受到“一方水土养育一方人”独特的地域文化,而且领略到大运河带来祖国南北文化的交融,带动沿岸城市的发展。

2.作品信息

作品名称:《古色清幽“韵(运)”在河》

主创人员:袁金龙、姚亚君、李丽等

尺寸:200cm×80cm×2 幅

材料:废旧牛仔衣物、纺织品染料、热熔胶等

3.作品细节(如图 6-23 至图 6-31)

图 6-23 《古色清幽“韵(运)”在河》局部图(左侧)

图 6-24 《古色清幽“韵(运)”在河》局部图(右侧)

图 6-25 《古色清幽“韵(运)”在河》细节图

图 6-26 《古色清幽“韵(运)”在河》细节图

图 6-27 《古色清幽“韵(运)”在河》细节图

图 6-28 《古色清幽“韵(运)”在河》细节图

图 6-29 《古色清幽“韵(运)”在河》细节图

图 6-30 《古色清幽“韵(运)”在河》细节图

图 6-31 《古色清幽“韵(运)”在河》细节图

五 《"歙"望》(如图6-32)案例赏析

图 6-32 《"歙"望》

1.设计说明

《"歙"望》作品提取徽派建筑典型特征元素——粉墙黛瓦马头墙，与牛仔面料深、浅蓝灰色调相得益彰。以解构重构的创作方法，运用拼缝、粘贴、流苏、刺绣等工艺创作出既时尚环保，又体现地域文化特色的拼布艺术作品。不仅满足了现代人们个性化的审美追求，而且更好地倡导了低碳环保的设计理念，丰富了现代艺术品品类。该作品创作的主要目的在于呼吁人类不要透支后人的资源，要为后人们欣赏这一美丽景色留下"希望"，而不能使之成为一种"奢望"。

在本作品中运用了回收的废旧牛仔衣料，遵循着循环使用环保的理念并且加上各种不同的技法，将徽州文化中的经典加以突出表现，以马头墙、小青瓦最为特色，徽州灰白的墙面上遗留着历史的沧桑，而牛仔布中天然深浅灰的色彩和肌理合理的利用更符合表达这种徽文化依山就势和柔情似水的魅力景象。废旧牛仔衣料再利用更加体现了艺术来源于生活并且高于生活，艺术无处不在。

2.作品信息

作品名称：《"歙"望》

主创人员：袁金龙、李龙、成雅平、徐德、武亚婷、申林志等

尺寸:220cm×80cm

材料:废旧牛仔衣物、纺织品染料、乳胶、热熔胶、PVC 板等

3.作品细节(如图 6-33 至图 6-36)

图 6-33 《“歙”望》细节图

图 6-34 《“歙”望》细节图

图 6-35 《“歙”望》细节图

图 6-36 《“歙”望》细节图

六 《踏莲寻“徽”》(如图6-37)案例赏析

图 6-37 《踏莲寻“徽”》

1.设计说明

《踏莲寻“徽”》作品灵感源于“接天莲叶无穷碧,映日荷花别样红”的诗句,十里芙蓉摇曳与徽州粉墙黛瓦相映成趣,如诗如画。徽州人注重家庭观念,讲究家庭和谐美满,“荷”通“和”,是徽州劳动人民对美好和谐社会的追求。同时荷花出淤泥而不染的高尚品格,也与徽州商人以“儒”为

根的从商精神交相呼应。

2.作品信息

作品名称:《踏莲寻“徽”》

主创人员:袁金龙、汪悦、姚烁、樊世荟、张媛媛、周萍

尺寸:425cm×72cm

材料:废旧牛仔衣物、纺织品染料、乳胶、热熔胶等

3.作品细节(如图 6-38 至图 6-42)

图 6-38 《踏莲寻“徽”》细节图

图 6-39 《踏莲寻“徽”》细节图

图 6-40 《踏莲寻“徽”》细节图

图 6-41 《踏莲寻“徽”》细节图

图 6-42 《踏莲寻“徽”》细节图

七 《一隅江南》(如图6-43)案例赏析

图 6-43 《一隅江南》

1.设计说明

《一隅江南》——江南水乡,粉墙黛瓦,绿蔓纱窗,花影亭榭,朱门乌铜,院落深泽。每一个深巷,每一段水湾,每一片檐瓦,每一扇木门,都是我们对江南的向往与憧憬。时间在砖墙上刻下痕迹,桥下河水静静淌过,河面上的绰绰倒影,静谧而悠远的水墨乡村,是我们心中最美的一隅江南。

2.作品信息

作品名称:《一隅江南》

主创人员:袁金龙、汪悦、姚烁、张媛媛、樊世荟、周萍等

尺寸:135cm×105cm

材料:废旧牛仔衣物、纺织品染料、乳胶、胶棒等

第二节 人文生活类

艺术源于生活。艺术创作者经过长期的生活观察,基于自身对生活的理解和感悟,以拼布为载体向受众传达思想、表达情感。因此,拼布艺

术作为物化的情感载体和文化载体，融入了高度个性化的创作元素，以此展现创作者鲜明的个人情感。

一 《再现桃花源》(如图6-44)案例赏析

图 6-44 《再现桃花源》

1.设计说明

《再现桃花源》作品创作灵感来源于东晋诗人陶渊明《桃花源记》。该作品意在把现实和理想境界相联系，将林尽水源的美景与屋舍俨然的情景相融合，歌颂安宁和睦、怡然自得的乐趣。

2.作品信息

作品名称：《再现桃花源》

主创人员：袁金龙、王亚玲、沙明园、司帅、陈亚星、胡沁等

尺寸：210cm×110cm

材料：废旧牛仔衣物、纺织品染料、乳胶、热熔胶等

3.作品细节(如图 6-45 至图 6-48)

图 6-45 《再现桃花源》细节图

图 6-46 《再现桃花源》细节图

图 6-47 《再现桃花源》细节图

图 6-48 《再现桃花源》细节图

二 《游子衣》(如图6-49)案例赏析

图 6-49 《游子衣》

1.设计说明

该作品采用古代传统服饰的形式,中间的补服纹样“一语双关”,既是徽商子弟外出谋生计前所着的“百衲游子衣”,又是荣归故里所着的朝服——补子服。它承载了徽商发展的心酸历史。

2.作品信息

作品名称:《游子衣》

主创人员:袁金龙、王晨阳、韩飞、何峻宇、杨婷、赵欣等

尺寸:250cm×165cm

材料:废旧衣物、纺织品染料、乳胶、热熔胶等

3.作品细节(如图 6-50 至图 6-57)

图 6-50 《游子衣》细节

图 6-51 《游子衣》细节

图 6-52 《游子衣》细节

图 6-53 《游子衣》细节

图 6-54 《游子衣》细节

图 6-55 《游子衣》细节

图 6-56 《游子衣》细节

图 6-57 《游子衣》细节

三 《根》(如图6-58至图6-61)案例赏析

图 6-58 《根》组合方式一

图 6-59 《根》组合方式二

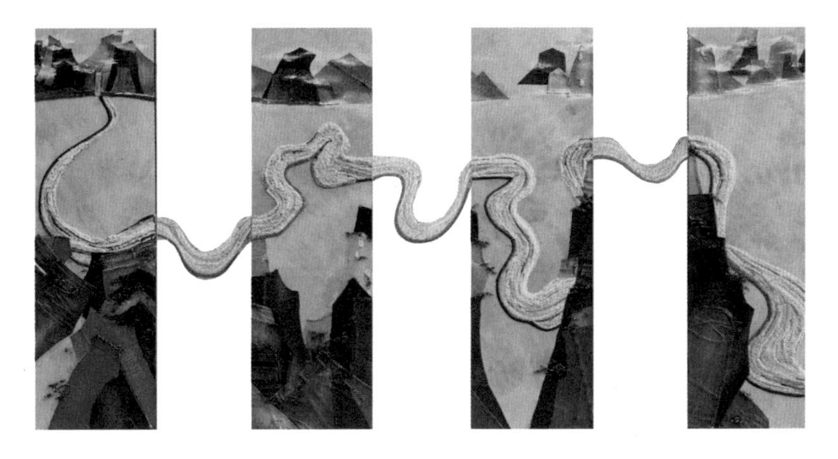

图 6-60 《根》组合方式三

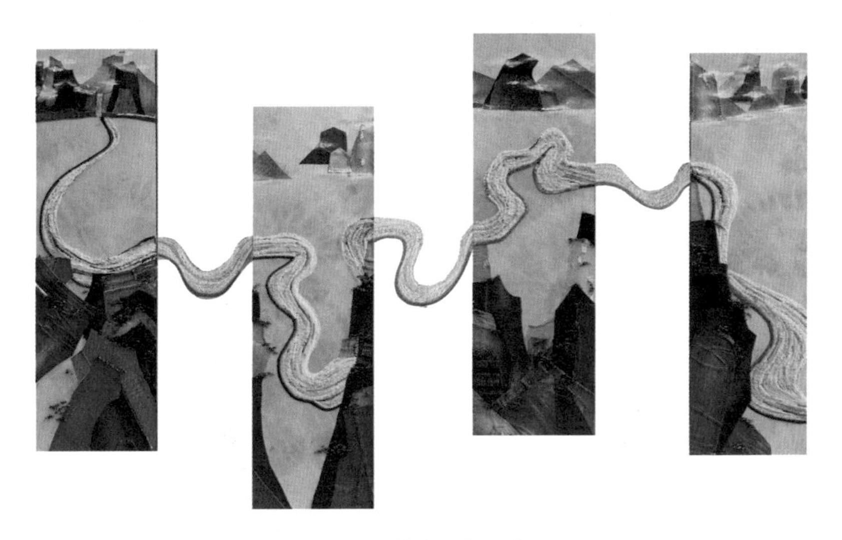

图 6-61 《根》组合方式四

1.设计说明

徽商，又称儒商。“财自道生利缘义取”“以儒术饰贾事”。遵行“宁奉法而折阅，不饰智以求赢”，主张诚信为本，坚守以义取利。保存固有之精华，似青山般巍然不动。去其糟粕，仿绿水般大开大合。一开一合间造就商机无限。“诡而海岛，罕而沙漠，足迹几半禹内”，其地无所不至。每一个徽商都似种子般散落祖国河山，艰苦创业，吃苦耐劳，三年一归，新婚离别，习以为常。以此优良品质生“根”于祖国河山，点缀历史商业长河。

2.作品信息

作品名称:《根》

主创人员:袁金龙、李龙、李新永、韩飞、赵欣、李昭等

尺寸:80cm×220cm×4 幅

材料:废旧牛仔衣物、纺织品染料、乳胶、热熔胶、钉子等

3.作品细节(如图 6-62 至图 6-65)

图 6-62 《根》细节图

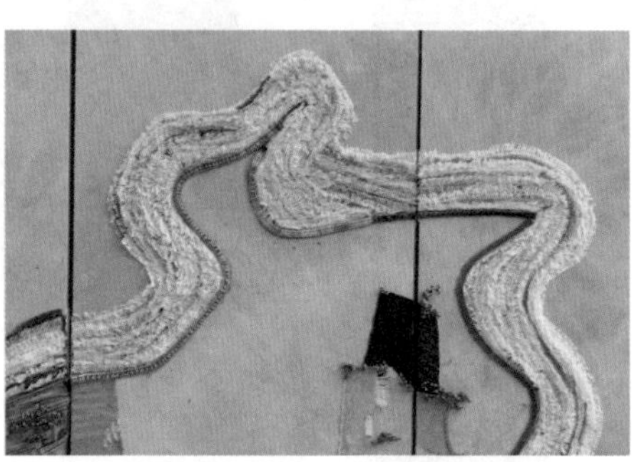

图 6-63 《根》细节图

图 6-64 《根》细节图

图 6-65 《根》细节图

四 《“似”水归堂》(如图6-66)案例赏析

图 6-66 《“似”水归堂》

1.设计说明

《“似”水归堂》作品采用徽州天井“四水归堂”的寓意,聚水、聚财、聚福气。天地初开,化阴阳二气,凝四方水土,聚八方生命。气凝为水,育天地万物。南方重水,以水为财。引天上之水,聚于家中,意为得上天恩赐。以气御水,以水归财。特地采用三幅为系列,表三生万物之象。山通水绕,藏风纳气之地。“似”水归堂,四面八方来运。

2.作品信息

作品名称:《“似”水归堂》

主创人员:袁金龙、李新永、周灿、刘武林、王铖、卞丽媛等

尺寸:220cm×60cm×3 幅

材料:废旧牛仔衣物、纺织品染料、乳胶、热熔胶等

3.作品细节(如图 6-67 至图 6-72)

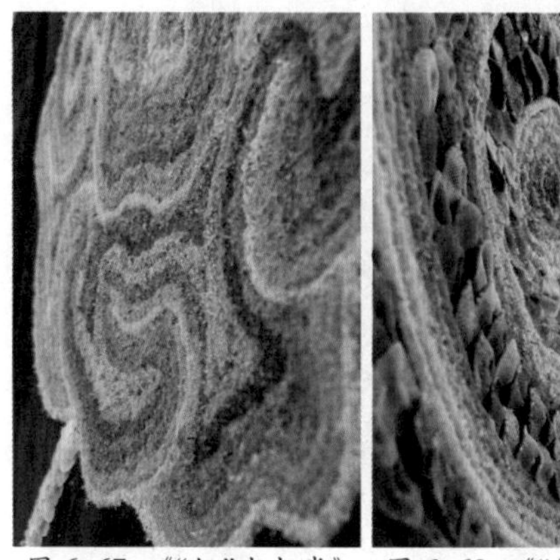

图 6-67 《"似"水归堂》细节图　图 6-68 《"似"水归堂》细节图

图 6-69 《"似"水归堂》细节图

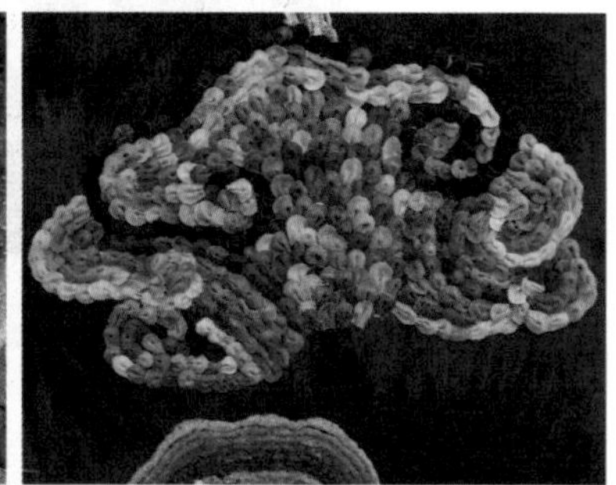

图 6-70 《"似"水归堂》细节图

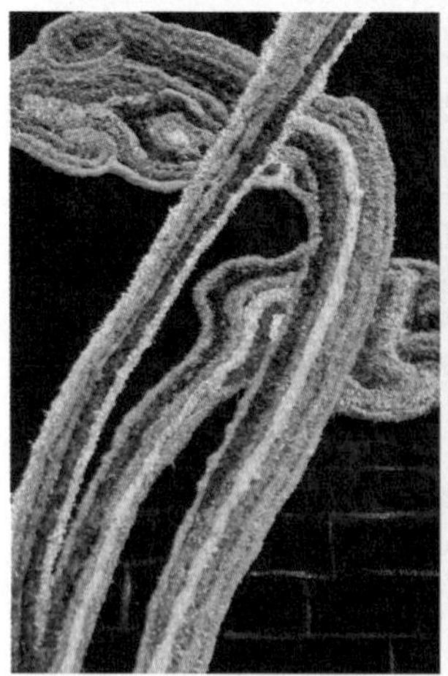

图 6-71 《"似"水归堂》细节图

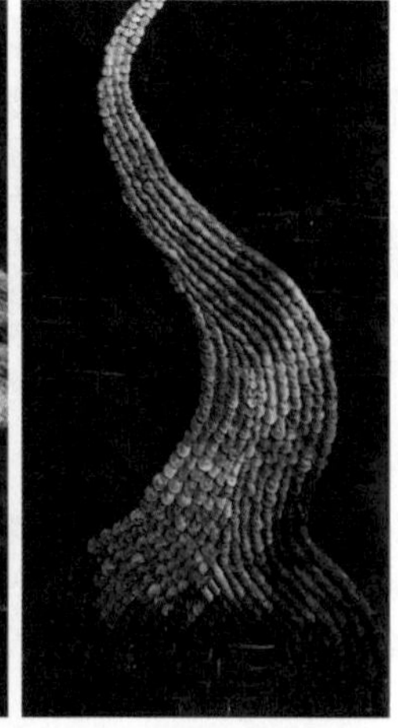

图 6-72 《"似"水归堂》细节图

第三节 特色景观类

一 《云陵蜀地》(如图6-73)案例赏析

图 6-73 《云陵蜀地》

1.设计说明

《云陵蜀地》作品设计灵感源于安徽省合肥市大蜀山文化陵园。以陵园为设计题材,纪念为国捐躯的英烈们。作品将废旧牛仔衣物通过解构与重构的方式,运用布贴装饰画的形式加以呈现,通过废旧牛仔衣物本身肌理及深浅颜色变化,塑造出代表着大蜀山文化精神的"大蜀山文化陵园"景观。整个作品运用废旧牛仔衣物为媒材,不仅传达绿色的设计理念,更多的是呼吁人们保护环境,不忘初心!

2.作品信息

作品名称:《云陵蜀地》

主创人员:袁金龙、吴慧仪、张丽、王业颖、许娟娟等

尺寸:140cm×110cm

材料:废旧牛仔衣物、乳胶、热熔胶、废旧一次性筷子、板材等

3.作品细节(如图 6-74 至图 6-76)

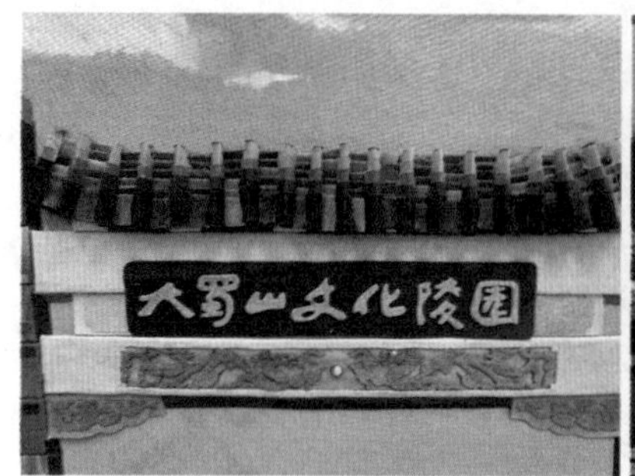

图 6-74 《云陵蜀地》细节图

图 6-75 《云陵蜀地》细节图

图 6-76 《云陵蜀地》细节图

二 《布艺华亭》(如图6-77)案例赏析

图 6-77 《布艺华亭》

1.设计说明

《布艺华亭》作品选取鲜有人知的兰亭—景墨华庭,用布艺拼接的手法展现其风貌。作品结合创新和环保这两个基本立意,以景墨华庭原貌为大背景,采用废旧牛仔衣物为原料,将牛仔衣服本身固有的结构,拉链、裤襻、侧缝肌理、扣子、口袋、面料肌理等,或打破,或重组,或勾或画,或卷或抽丝,用拼贴技法将牛仔服装本身固有肌理结构加以合理运用,呈现作品最终效果。

2.作品信息

作品名称:《布艺华亭》

主创人员:袁金龙、邓雨晴、武慧芳、童雨涵、李丽等

尺寸:150cm×95cm

材料:废旧牛仔衣物、纺织品染料、乳胶、胶棒等

3.作品细节(如图 6-78 至图 6-81)

图 6-78 《布艺华亭》细节图

图 6-79 《布艺华亭》细节图

图 6-80 《布艺华亭》细节图

图 6-81 《布艺华亭》细节图

三 《古桥印象》(如图6-82)案例赏析

图 6-82 《古桥印象》

1.设计说明

《古桥印象》作品是在感应低碳环保号召的同时,充分利用废旧牛仔面料自身古朴的特点与衣物中各类原始线迹及结构,运用多种艺术创作手法创作而成。

牛仔布本身的面料肌理就给人以古朴静谧的感觉,因此,作品选择以"桥"为主题。"桥",饱经风霜多年依旧伫立在河流之上,承载着来来往往的数代人,古桥的沧桑古朴与废旧牛仔面料呈现的特征交相辉映。作品合理应用废旧牛仔衣物中的各原始部件,如衣物缝份、腰头、裤脚口以及面料本身所呈现的视觉肌理等,运用多种艺术创作手法,勾勒出一幅"蓝蓝的天、蓝蓝的梦、蓝蓝的河道、蓝蓝的古桥"景象。

2.作品信息

作品名称:《古桥印象》

主创人员:袁金龙、李婷婷、姚亚君、杨思静、孙晓蝶等

尺寸:150cm×85cm

材料:废旧牛仔衣物、纺织品染料、乳胶、胶棒等

3.作品细节（如图 6-83 至图 6-85）

图 6-83 《古桥印象》细节图

图 6-84 《古桥印象》细节图

图 6-85 《古桥印象》细节图

四 《久侯》(如图6-86)案例赏析

图 6-86 《久侯》

1.设计说明

《久侯》作品是以闽侯特色建筑作为主题的系列作品。作品可分为《久侯·崇山庙宇》《久侯·雅舍风情》《久侯·廊桥水岸》。《久侯·崇山庙宇》灵感来源于汉闽越王庙、尚干陶江石塔,以及自然景观五虎山。《久侯·雅舍风情》,其创作灵感来源于福建闽侯独具特色的建筑:雪峰崇圣寺、客家土楼、马鞍墙。《久侯·廊桥水岸》灵感来源于福建闽侯地域文化:水镇墙具有浓厚佛教文化气息的金山寺和传统民俗风情的水谷瑶。

2.作品信息

作品名称:《久侯》

主创人员:袁金龙、薛丽雅、杜敏、张喜梅、毕运运、陈李洋、孙子柔、徐温娣、曹爱妮、刘薇、夏守军、李娜娜

尺寸:120cm×80cm×9 幅

材料:废旧牛仔衣物、纺织品染料、乳胶等

3.作品细节(如图 6-87 至图 6-89)

图 6-87 《久侯》局部(上):《久侯·崇山庙宇》

图 6-88 《久侯》局部(中):《久侯·雅舍风情》

图 6-89 《久侯》局部(下):《久侯·廊桥水岸》

五 《闽闽之众》(如图6-90)案例赏析

图 6-90 《闽闽之众》

1.设计说明

文脉承千年,山水秀闽侯。《闽闽之众》作品灵感来源于福建历史悠久、结构精巧、独具风格的地域性建筑以及优美的自然山水环境。

2.作品信息

作品名称:《闽闽之众》

主创人员:袁金龙、周萍、樊世芸、钱欣、陈爽

尺寸:183cm×122.5cm×3 幅

材料:废旧牛仔衣物、纺织品染料、乳胶、胶棒等

3.作品细节(如图 6-91 至图 6-99)

图 6-91 《闽闽之众》局部(左)《闽闽之众·山楼夜色》

图 6-92 《闽闽之众》局部(中)《闽闽之众·鞍墙燕尾》

图 6-93 《闽闽之众》局部(右)《闽闽之众·宛转江流》

图 6-94 《闽闽之众》细节图

图 6-95 《闽闽之众》细节图

图 6-96 《闽闽之众》细节图

图 6-97 《闽闽之众》细节图

图 6-98 《闽闽之众》细节图

图 6-99 《闽闽之众》细节图

六 《入画·徽州》(如图6-100)案例赏析

图 6-100 《入画·徽州》

1.设计说明

作品名为《入画·徽州》,以"入画"为主题,以徽派建筑和皖南地区的风景为主体,扇形的幅面对应"入画"。以废旧牛仔衣物为媒材,运用拼布工艺来呈现徽州的风韵美景。牛仔布料中深浅灰,将徽派山水画和水墨的历史底蕴展现得更加生动;2.5D 的视觉体验,更是有恍然入画的错觉。除了大块布料的应用,将牛仔布料经纬分离成纱线,再将纱线拼成水波纹样。这样的表现手法更加柔和,画面也有了线、面的结合。扇形图内是入画,扇形图外勾勒的层峦叠嶂的山峰就是现实。无论画内画外,都是徽州的一派好风景。

2.作品信息

作品名称:《入画·徽州》

主创人员:袁金龙、汪孀等

尺寸:90.5cm×60.5cm

材料:废旧牛仔纺织品、热熔胶、泡沫板、超轻黏土等

3.作品细节(如图 6-101 至图 6-103)

图 6-101 《入画·徽州》细节图

图 6-102 《入画·徽州》细节图

图 6-103 《入画·徽州》细节图

七 《山绕清溪水绕城》[如图6-104、图6-105]案例赏析

图 6-104 《山绕清溪水绕城》左

图 6-105 《山绕清溪水绕城》右

1.设计说明

作品设计灵感源于宋代诗人赵师秀《徽州》“山绕清溪水绕城，白云碧嶂画难成。处处楼台藏野色，家家灯火读书声”的诗句。山围绕着清溪，清溪环绕着城，白云和青绿色如屏障的山峰只能目视，却不可附于丹青之上。各个地方的楼台都隐藏着郊野的景色，琅琅书声伴着星星灯火徘徊在静谧之中。作品将此诗与窗相结合，透过窗户看到徽州美景，给人无限的遐想与喜悦。

作品分为几个板块，任意两个板块可拼起来，达到不一样的效果，增加了作品的丰富性。山绕清溪水绕城，徽州美景简直让人心旷神怡，赏心悦目。

2.作品信息

作品名称:《山绕清溪水绕城》

主创人员:袁金龙、吴燕、吴慧仪、张丽、于路路、王业颖、许娟娟、王梦萱等

尺寸:120cm×82cm×4 幅

材料:废旧牛仔衣物、乳胶、热熔胶、废旧一次性筷子、板材等

3.作品细节(如图 6-106 至图 6-109)

图 6-106 《山绕清溪水绕城》细节图

图 6-107 《山绕清溪水绕城》细节图

图 6-108 《山绕清溪水绕城》细节图

图 6-109 《山绕清溪水绕城》细节图

第四节　现代社会类

《展望——时空回响下的召唤》(如图6-110)案例赏析

图 6-110 《展望——时空回响下的召唤》

1.设计说明

本作品以废旧的牛仔衣物为媒材，结合疫情防控下的社会环境,以拼布为艺术手法记录着我们并肩抗击疫情的战况。丹宁面料再造与东方人文主义碰撞出文化多样性:穿着防护服的医护人员,是千千万万奔赴一线默默付出的医护人员的缩影;丹顶鹤、黄鹤楼与武汉长江大桥沟通了时空的虚实穿插,跨越长江融合人与人之间的距离;灯笼是抗击疫情的星星之火,亦是平安的象征。来自不同所有者的零碎牛仔布相互交织、堆叠,引发人们对自然与自身的感知与反思。

本作品于疫情暴发后开始设计构思,全国人民众志成城、共克时艰的场景历历在目。疫情暴发时正值春节,但仍有很多人员在一线奋斗,画面中出现的孔明灯是在为这些逆行者祝愿;穿着防护服的医护人员来回穿梭在各个角落,留下的是勇敢又骄傲的背影;疫情过后,屹立在武汉市的黄鹤楼仍然令人向往,丹顶鹤也依然在尽情翱翔,展望未来,终会山河

无恙，人间皆安！

随着节能观念深入人心，废旧衣物的可持续设计渐渐面向大众。我们从减少衣物资源浪费的角度出发，通过牛仔面料拼布的形式达到叙事性效果。由于传统的拼布作品都为平面上的二维拼接，缺乏立体感与面料质感的呈现，我们便以浮雕为工艺制作灵感进一步丰富作品的视觉肌理和触觉肌理。

针对可持续发展观这一核心理念，作品以废旧牛仔衣物为媒材，对传统拼布手法进行继承与创新，在主题上呈现对未来的展望。通过个人物品与大时代背景的衔接，赋予废旧牛仔衣物以温度和新生命，引发人们对小我与大我的思考，在一定程度上促进构建资源节约型社会的进程。

作品在制作工艺上采用抽纱、拼贴、排列、刺绣、缝纫、堆积、编织等手法对废旧牛仔衣物进行解构与重构，除了布料之外，拉链、纽扣等衣物辅料也被使用于其中，使得废旧牛仔衣物的利用价值得以全面提升，通过具象与抽象、平面与立体相结合的表现形式来达到浮雕效果。在整体配色上采用了牛仔布特有的蓝色调，给人以冷静、庄严之感。

2.作品信息

作品名称：《展望——时空回响下的召唤》

主创人员：袁金龙、陈金妮、蒋玉玲、朱梦琪、张酪涵、陈海龙

尺寸：122cm×74cm×2 幅

材料：废旧牛仔衣物、乳胶、热熔胶等

3.作品细节（如图 6-111 至图 6-113）

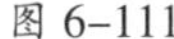
图 6-111

图 6-112

图 6–113